U0157996

2021 世界载人航天发展报告

中国载人航天工程办公室　编

北京航空航天大学出版社

内 容 简 介

本书在全面跟踪 2021 年世界载人航天活动及技术发展的基础上,以独特的视角展现了主要航天国家载人航天领域的发展动态与趋势。本书首先介绍了中国载人航天工程 2021 年进展情况;其次从载人运载火箭、飞船、航天员、空间应用及发射场等领域,对国外载人航天国家 2021 年的发展情况进行了概述;最后针对美国国家航空航天局 2022 财年载人航天预算、美国航天发射系统重型火箭与超重-星舰对比、俄罗斯扩建国际空间站情况、国外太空旅游最新发展等热点、重点问题进行了专题分析。

本书力求覆盖 2021 年世界载人航天领域发展全貌,内容具体全面,分析深入浅出,适合该领域工程管理人员、相关专业工程技术人员和航天爱好者阅读。

图书在版编目(CIP)数据

2021 世界载人航天发展报告 / 中国载人航天工程办公室编. -- 北京 : 北京航空航天大学出版社,2022.10
ISBN 978 - 7 - 5124 - 3921 - 4

Ⅰ. ①2… Ⅱ. ①中… Ⅲ. ①载人航天—研究报告—世界—2021 Ⅳ. ①V4

中国版本图书馆 CIP 数据核字(2022)第 190415 号

2021 世界载人航天发展报告
中国载人航天工程办公室　编
策划编辑　刘　扬　责任编辑　刘　扬
*
北京航空航天大学出版社出版发行

北京市海淀区学院路 37 号(邮编 100191)　http://www.buaapress.com.cn
发行部电话:(010)82317024　传真:(010)82328026
读者信箱: qdpress@buaacm.com　邮购电话:(010)82316936
北京建宏印刷有限公司印装　各地书店经销
*
开本:787×1 092　1/16　印张:10.25　字数:262 千字
2022 年 10 月第 1 版　2022 年 10 月第 1 次印刷
ISBN 978 - 7 - 5124 - 3921 - 4　定价:118.00 元

撰 稿 人

（按姓氏拼音排序）

陈银娣　范　超　范唯唯　冯云浩　葛榜军

管春磊　郭　凯　何慧东　韩　淋　康金兰

李　超　龙雪丹　廖小刚　强　静　钱　坤

宋国梁　宋华华　田　莉　王海名　吴　倩

王　帅　王　霄　王　宇　肖武平　杨　帆

苑方磊　杨　开　苑　艺　赵　晨　张羽丰

郑惠文　钟江山　张绿云　张　蕊　周生东

张　田　赵　毅　张永刚　张扬眉　张召才

　　2021年4月29日,中国空间站天和核心舱发射任务取得圆满成功,开启空间站任务的新时代。5月29日,天舟二号货运飞船成功发射,自主快速交会对接于天和核心舱。6月17日,航天员聂海胜、刘伯明、汤洪波乘坐神舟十二号载人飞船升空,成为中国空间站的首批"访客",并于9月17日返回地球。9月20日,天舟三号货运飞船升空,与天和核心舱及天舟二号货运飞船组合体交会对接。10月16日,航天员翟志刚、王亚平、叶光富乘坐神舟十三号载人飞船升空,成为中国空间站的第二批"访客",开始为期6个月的太空工作和生活。

　　2021 年 2 月，中国天问一号成功抵达火星，着陆巡视器成功着陆，祝融号火星车安全驶离着陆平台，并发布着陆火星首批科学影像图，一次实现火星"绕、着、巡"探测。

　　2021 年 2 月，美国火星 2020 探测器携载的毅力号火星车在火星表面着陆，其搭载的机智号火星直升机试飞成功，实现人类首次在地球以外的星体上成功放飞旋翼飞行器；阿联酋希望号探测器成功进入火星轨道，并拍摄火星图像，标志着阿拉伯世界登上空间探测舞台。

2021 年 4 月,美国国家航空航天局(NASA)授予 SpaceX 公司价值 28.9 亿美元的研发合同,用于开发"阿尔忒弥斯"计划下的首个商用载人月球着陆器,即星舰月球着陆器。按照 NASA 规划,SpaceX 的星舰并不直接从地球将航天员送上月球。航天员首先需要乘坐猎户座飞船被送入月球轨道,随后转入星舰着陆系统实施载人登月。

2021 年 5 月,SpaceX 公司的 SN15 星舰原型机首次在 10 km 高空试飞中实现软着陆,验证了猛禽发动机的性能、飞行器整体再入能力、着陆前飞行姿态控制调整能力等。随后,SpaceX 公司完成超重火箭级和星舰飞船级的组装工作,将于 2022 年开展超重 B4 原型机和星舰 S20 原型机组合体的轨道级试飞。

2021年7月，维珍银河公司和蓝色起源公司利用太空船二号和新谢泼德系统成功完成载人亚轨道飞行;9月,SpaceX公司利用载人龙飞船成功开展首次无专业航天员参与的轨道旅游任务,太空旅游业进入快速发展时期。

2021年7月与11月,俄罗斯先后发射科学号多功能实验舱和船坞号节点舱,并与国际空间站成功对接,完成了国际空间站俄罗斯舱段的扩建工作,国际空间站俄罗斯舱段的航天员支持能力与对接能力极大增强。

2021年11月,美国国家航空航天局(NASA)正式宣布放弃2024年载人重返月球的目标,载人登月时间至少推迟到2025年。此外,美国航天发射系统(SLS)火箭与猎户座飞船已经完成组装集成工作,将于2022年执行"阿尔忒弥斯-1"无人飞行试验任务。

前　　言

2021 年，中国载人航天工程进入空间站时代。4 月 29 日，中国空间站天和核心舱发射任务取得圆满成功，开启空间站任务的新时代；6 月 17 日，神舟十二号载人飞船发射升空，将聂海胜、刘伯明、汤洪波 3 名航天员首次送入中国人自己的空间站；10 月 16 日，神舟十三号载人飞船航天员翟志刚、王亚平、叶光富入驻核心舱；11 月 8 日，神舟十三号航天员乘组圆满完成首次出舱活动，这也是中国航天史上首次有女航天员参加的出舱活动；12 月 9 日，"天宫课堂"第一课开讲，3 位"太空教师"为广大青少年带来了一场精彩的太空科普课。2022 年，中国载人航天将实施 6 次发射任务，包括两次货运飞船、两次神舟飞船以及实验舱Ⅰ和实验舱Ⅱ发射，全面完成空间站的在轨建造，实现中国载人航天工程"三步走"发展战略第三步任务目标。

2021 年是人类首次进入太空 60 周年，世界主要航天国家的载人航天活动进入调整期，发展相对平稳，继续围绕月球和国际空间站开展载人航天活动。俄罗斯向国际空间站先后发射科学号多功能实验舱和船坞号节点舱，完成了国际空间站俄罗斯舱段的扩建工作，这将极大提高国际空间站的科学实验能力。商业太空旅游成为年度载人航天发展的新亮点，私营载人航天公司成功完成多次商业太空旅行。新冠疫情继续困扰新型运载火箭与飞船等系统的发展：美国的航天发射系统(SLS)的首飞从 2021 年推迟至 2022 年，俄罗斯的叶尼塞重型火箭暂停研制工作，印度首次载人航天飞行任务再次推迟一年进行。载人登月方面，美国由于主要航天系统研发进度延误，2024 年载人登月的目标已被迫推迟；俄罗斯的工作重心则从载人登月转向建设俄罗斯的近地轨道空间站。与此同时，越来越多的国家积极参与国际载人航天活动，彰显国家地位的载人航天得到更多重视。

为了密切关注和跟踪世界载人航天发展动向，把握世界载人航天发展趋势，中国载人航天工程办公室组织编撰了《2021 世界载人航天发展报告》。参与编撰的单位有：军事科学院军事科学信息研究中心、中国航天员科研训练中心、北京跟踪与通信技术研究所、北京特种工程设计研究院、中国科学院科技战略咨询研究院、北京航天长征科技信息研究所和北京空间科技信息研究所等，在此一并表示感谢！

中国载人航天工程办公室

2022 年 3 月

目　　录

中 国 专 栏

综 述 篇

专 题 篇

附 录 篇

中国专栏

中国载人航天工程全面进入空间站建造阶段

2021年，在中国共产党百年华诞之际，全面建成小康社会之年，我们拉开了空间站建造的大幕。这一年，对载人航天工程而言是极为特殊、极其关键的一年，工程全线坚决贯彻党中央和习近平主席决策指示，在重大专项领导小组和工程两总领导下，奋力拼搏、聚力攻坚，空间站关键技术验证阶段5次飞行任务获得圆满成功，核心舱组合体在轨稳定运行，关键技术得到全面验证，为建造空间站奠定了坚实基础。

一、空间站建造任务取得阶段性胜利

圆满完成关键技术验证阶段5次发射任务、1次返回任务和空间站组合体在轨运控任务。三型火箭分别在文昌和酒泉发射场将5个航天器精准送入轨道；天和核心舱机械臂、再生生保系统等1次启动运行；天舟飞船、神舟飞船实现自主快速交会对接，交会对接时间由2天缩短至7小时左右；航天员长期在轨驻留，空间科学实（试）验机柜运行正常；东风着陆场成功执行搜救回收任务，测控通信系统保障有力。神舟十三号飞行乘组完成预定任务返回后，工程具备实施建造阶段飞行任务的条件。

二、空间站研制建设任务稳步推进

根据飞行任务安排，空间站工程分为关键技术验证和建造两个阶段实施，目前已圆满完成关键技术验证阶段全部任务。空间站建造阶段安排了问天舱、梦天舱、神舟飞船、天舟飞船等6次飞行任务。

截至2022年1月，问天舱已完成应用载荷装舱、整舱刚性对接，梦天舱已完成整舱刚性对接综合测试。长征五号B遥三运载火箭已完成出厂测试，遥四运载火箭正在开展全箭总装。空间应用系统问天舱载荷正样产品交付平台，参加整舱测试；梦天舱载荷科学实验机柜柜体及公用支持设备并行开展正样产品研制。神舟十四号飞船、长征二号F遥十四运载火箭已在酒泉发射场完成总装测试。后续载人飞船、货运飞船及相应火箭按计划开展总装测试。巡天空间望远镜光学设施结构产品完成整机力学试验，电性产品交付巡天平台。

酒泉、文昌发射场，相关运行支持中心等已完成发射工位、总装测试厂房、停机坪等条件保障项目建设改造，条件保障能力满足研制试验任务需要。

三、管理体系和管理能力不断完善

建立完善空间站在轨运行控制管理模式、组织管理体系、规划计划体系以及运行控制模式,初步建立中国特色的空间站运行管理体系。高效顺畅实施空间站运行管理,圆满完成4次航天员出舱、长期在轨驻留等任务。研究制定《载人航天工程质量管理办法(试行)》,系统性规范明确质量工作要求。简化工程总体技术协调事项审批流程。加强工程经费管理,试点引入社会专业机构审计工程研制建设经费。研制运行工程专有云和中国天宫APP,提升工程管理信息化网络化水平。探索建立工程资源开放共享机制,制定空间站搭载工作管理规定,发布天舟货运飞船搭载试验载荷机会公告。

四、工程综合效益进一步提升

"建站为应用"是中国载人航天的初心,中国空间站已显示出作为国家级太空实验室的应用效益:核心舱入轨即应用,开展空间材料、航天医学等8项空间科学试验,高微重力环境等试验成果达到世界领先水平;党的百年华诞之际,在神舟十二号任务中搭载党旗并向中国共产党党史馆移交,推动重大工程任务与党史军史教育有机融合;服务国家港澳工作需要,组织开展"时代精神耀香江"之仰望星空话天宫活动,提升了港澳青少年的国家认同感和民族自豪感;组织实施空间站首次太空授课、开学第一课、"青春与星空对话"中西部青少年与载人航天面对面等活动,建立中国空间站科创体验基地,激发青少年探索未知、敢于创新的科学精神;推进工程国际合作,完成与联合国外空司7份合作项目协议签署,在神舟十二号飞行任务中搭载巴基斯坦和纳米比亚国旗。

五、决战空间站建造,开启应用与发展新阶段

2022年是空间站在轨建造的决战决胜之年,将实施6次发射任务和2次返回任务,飞行任务更加密集、关联性更强,对全面实现工程"三步走"战略目标具有重要里程碑意义。2022年将召开党的二十大,空间站工程作为国家工程、战略工程、政治工程,将继续服务政治、服从大局;在中美战略博弈激烈的关键当口,空间站作为科技强国、航天强国的重要标志,将进一步发挥好对国家总体战略的支撑作用;在工程立项三十周年之际,打好工程"三步走"战略攻坚战,如期建成空间站,具有承前启后的里程碑意义。

中国载人航天工程将坚持以习近平新时代中国特色社会主义思想为指导,坚决贯彻党中央、习近平主席关于发展航天事业、建设航天强国的系列决策指示,扭住关键,狠抓短线,严控质量,科学管理,坚决夺取各次飞行任务圆满成功,确保按期完成空间站在轨建造,加快建成中国特色空间站运行管理体系,全面开启空间站应用与发展新阶段。

综述篇

2021 年国外载人航天发展综述

2021 年是人类首次进入太空 60 周年,世界主要航天国家的载人航天活动进入调整期。美国、俄罗斯载人航天发展相对平稳,继续围绕月球和国际空间站(ISS)持续开展载人航天活动。美国新政府继续推进载人登月计划,由于主要航天系统研发进度延误,2024 年载人登月的目标被迫推迟;俄罗斯不断调整载人航天长远计划,工作重心从载人登月转向近地轨道空间站;在继续参与国际载人合作的同时,欧洲航天局(ESA)继续积极谋求发展独立的载人航天。商业太空旅游成为载人航天发展的新亮点,私营载人航天公司成功完成多次商业太空旅行。国际空间站继续促进深空载人探索技术与地球科学技术发展,但部分设施严重老化,未来走向面临诸多不确定性。

一、战略与规划

2021 年,美国、俄罗斯、日本等国家以及欧洲的航天组织,不断调整载人航天战略与发展路线,以载人登月和近地轨道活动牵引各自载人航天能力建设。

美国拜登政府上台后,载人登月系统研发力度有所下降,延迟登月已成定局。12 月,美国白宫发布太空政策《美国太空优先事项框架》,提出要确保美国在太空探索的领先地位,推动载人登月、探火以及维持近地轨道空间活动;美国国家航空航天局(NASA)在 2022 财年预算中,仅表示将继续推进"阿尔忒弥斯"计划以及载人登陆火星设想,并没有强调要在 2024 年实现载人登月的目标,且经费预算增长幅度也无法满足 NASA 实现近期登月的需求。由于载人着陆系统(HLS)、登月航天服等主要系统研发先后遭遇进度延误、经费不足等问题,NASA 局长纳尔逊于 11 月宣布,原定 2024 年的载人登月计划将至少延迟到 2025 年实现。尽管遭遇了诸多困难与挑战,但美国仍在继续推进载人登月计划的实施,强调将继续坚持探索月球和载人登陆火星的长远目标。

俄罗斯载人登月计划也遭遇诸多困难,其工作重心已实际转向近地轨道空间站。9 月,由于技术风险太大,俄罗斯放弃了采用安加拉火箭替代重型火箭实施登月的构想;10 月,俄罗斯暂停了重型运载火箭的研制工作,载人登月已无实施的物质基础。相对于载人登月,俄罗斯更加重视近地轨道空间站的建设。11 月,俄罗斯国家航天集团正式启动俄罗斯近地轨道空间站的研制工作。俄罗斯载人航天工作重心的转向,不仅是技术的原因,更是出于对经费的考虑。俄罗斯 2022 年的航天经费约为 29 亿美元(远低于 NASA 2022 财年的 248 亿美元预算),根本无力同时承担载人登月与建设属于俄罗斯自己的空间站,因此只能选择其一作为重点发展。

日本积极参与美国"阿尔忒弥斯"计划,持续支持载人航天活动开展。由于不具备独立的载人航天能力,日本一直依靠美国开展载人航天活动。1 月,日本与美国签署月球"门户"平台合作协议,明确日本将为"门户"空间站提供支持,以换取日本航天员进驻"门户"空间站。3 月,日本众议院通过总额约 41.4 亿美元的 2021 财年航天预算,比 2020 财年大幅增长 23.1%,主要原因就是要参与"阿尔忒弥斯"载人登月计划。

印度在俄罗斯的支持下,积极推进首次载人航天任务。3 月,印度航天员完成在俄罗斯的训练任务,并开始接收俄罗斯出口的航天服、航天座椅和舷窗等载人航天飞行系统,为不早于 2023 年的首次载人航天飞行任务做好准备。

2021 年,一些新兴航天国家计划参与航天大国载人航天活动与空间探索任务。韩国、巴西、新西兰和墨西哥先后与美国签署《阿尔忒弥斯协定》,希望通过与美国合作实现本国航天员的登月,以及发展本国的太空经济。土耳其于 2 月发布规划未来 10 年航天发展的"国家航天计划",提出 2023 年借助他国火箭实现月球"硬着陆"、2028 年使用本国火箭实现月球"软着陆"的目标。

ESA 在开展载人航天国际合作的同时,积极谋求发展独立的载人航天能力。11 月,ESA 召开各国航天局局长峰会,将发展独立的载人航天能力列为五大优先任务之一。欧洲希望借此确立其 21 世纪航天强国(组织)的地位,并成为国际航天活动及载人航天活动中的重要角色。

二、主要载人航天系统

(一)新型运载火箭研制进度放缓

受新冠肺炎疫情及技术等因素影响,各国新型运载火箭的首飞都延迟或是暂停研制。

美国的航天发射系统(SLS)首飞从 2021 年推迟至 2022 年。1 月,SLS 火箭芯级首次静态点火试验失败;3 月,改进后的 SLS 火箭芯级完成静态点火测试,标志着芯级完成发射前的所有测试任务;4 月,芯级从斯坦尼斯中心运往肯尼迪航天中心,先后完成与固体助推器的总装和安装飞行软件;10 月,通过芯级设计认证审查。由于进度严重延误,NASA 于 10 月宣布 SLS 火箭的首飞任务从 2021 年推迟到 2022 年。

商业载人火箭继续快速发展。4 月和 11 月,SpaceX 公司利用猎鹰 9 号火箭/载人龙飞船成功执行两次商业乘员运输任务,将 8 名航天员送入国际空间站,并首次使用复用的载人龙飞船和复用的猎鹰 9 号火箭组合执行载人发射任务。在完成一系列星舰原型机亚轨道飞行(飞行高度为 10~12.5 km)及软着陆试验之后,SpaceX 公司 8 月完成首艘轨道级星舰和超重火箭的总装,为 2022 年超重-星舰的首次轨道飞行试验打下良好的基础。11 月,蓝色起源公司推出新格伦火箭一子级模拟试验件,其将用于地面操作倒计时演练,帮助新格伦运载火箭于 2022 年实现首飞。火箭实验室公司也将推出新型中型运载火箭,其近地轨道运输能力将达到 8.5 t,也可用于执行载人航天发射任务,为载人航天发射增添新的力量。

俄罗斯的叶尼塞重型火箭暂停研制工作。为实现载人登陆月球并进行持续开发,俄罗斯于 2018 年开始启动研制重型运载火箭计划。最初,该型运载火箭采用较为成熟的液氧/煤油火箭发动机技术。2021 年 1 月,俄罗斯科学院认为,重型运载火箭应采用最前沿、最先进、成本最低的技术;随后,叶尼塞重型运载火箭的技术设计工作从 2 月开始暂停,考虑转向研发更便于回收的甲烷火箭发动机;9 月,叶尼塞重型运载火箭的技术设计工作全部停止。由于叶尼塞重型火箭是俄罗斯载人登月及建设月球基地的基础,因此该型运载火箭停止研制将严重影

响俄罗斯载人登月计划的实施。

日本的 H-3 火箭研制继续推迟。原定于 2021 年首飞的 H-3 重型运载火箭由于在 7 月的试验中再次出现故障,首飞将推迟到 2022 年进行;欧洲的阿里安 6 运载火箭也推迟到 2022 年进行首飞,比最初计划的 2020 年延迟两年。

(二)新一代飞船研制工作进度不一

美国猎户座飞船研制在 2021 年稳步推进。猎户座飞船于 1 月完成全部组装工作,已由洛克希德·马丁公司移交给 NASA 的探索地面系统部门进行后续的推进剂加注、安装发射逃逸系统(LAS)等工作,并于 10 月完成与 SLS 火箭的集成工作,为 2022 年"阿尔忒弥斯-1"首飞任务奠定了基础。

俄罗斯雄鹰飞船的首次载人任务面临延误。9 月,雄鹰飞船的模型进行飞行前的静态和动态测试,暴露出一些问题,促使俄罗斯研发人员对飞船的热防护系统进行重新设计;11 月,俄罗斯能源火箭与航天集团表示,雄鹰飞船的首次无人试飞任务仍将于 2023 年进行,但首次载人飞行任务将从 2025 年推迟到 2027 年。

(三)航天员规模不断扩大

为满足未来载人航天任务需要,继美国、俄罗斯之后,ESA 和日本在 2021 年先后启动新航天员的招募与培训工作,以不断扩大航天员队伍的规模。ESA 3 月开始招募新一批航天员,这也是欧洲 13 年来首次招募航天员;预计 2022 年将选拔出 4 名新航天员,以执行国际空间站及未来的月球任务。为支持美国领导的"阿尔忒弥斯"登月任务,日本宇宙航空研究开发机构(JAXA)于 11 月启动 13 年来首次新航天员招募活动,选拔结果将于 2023 年公布,新航天员将可能有机会进驻国际空间站或美国的"门户"月球空间站。NASA 于 2 月公布新一届 10 名航天员候选人。10 名航天员候选人从 2022 年 1 月开始为期两年的训练,完成训练并毕业后,他们将成为正式航天员,有机会执行国际空间站及深空探索任务。

(四)美国、俄罗斯加紧航天发射场建设

NASA 于 4 月完成肯尼迪航天中心新型航天器指令与控制系统的研发认证工作,该系统专门用于解决"阿尔忒弥斯"发射时的数据处理和发射操作。9 月,NASA 完成探索地面系统第一轮综合性试验,随后开始猎户座飞船的总装工作。此外,SpaceX 公司 12 月宣布将在肯尼迪航天中心 39A 发射工位内新建一个超重-星舰的发射塔架,用于执行星际探索任务。

俄罗斯继续加快东方发射场二期建设和拜科努尔航天发射场改造。俄罗斯总统普京 9 月再度视察东方发射场,大大推进了该发射场的建设工作。二期工程的核心任务是建造安加拉号运载火箭的发射工位,2023 年在东方发射场将进行安加拉 A5 火箭的首飞,以及雄鹰载人飞船的首飞。

三、国际空间站

2021 年,美国、俄罗斯共向国际空间站发射 14 艘飞船,其中 4 次执行载人飞船任务(俄罗斯 2 次、美国 2 次),8 次执行货运飞船任务(俄罗斯 3 次、美国 5 次),2 次俄罗斯舱段运输任

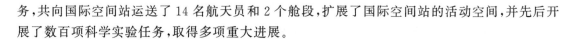

务,共向国际空间站运送了 14 名航天员和 2 个舱段,扩展了国际空间站的活动空间,并先后开展了数百项科学实验任务,取得多项重大进展。

(一)补充了新的国际空间站舱段与设备

2021 年,俄罗斯先后向国际空间站发射科学号多功能实验舱和船坞号节点舱,完成国际空间站俄罗斯舱段的扩建工作。7 月,作为国际空间站俄罗斯舱段部分的最大舱段,科学号多功能实验舱与国际空间站实现对接,大幅改善了航天员在轨工作与生活条件,并提升了国际空间站的科学实验能力;11 月,船坞号节点舱与国际空间站对接,为国际空间站提供了 5 个标准对接装置,使国际空间站可同时对接更多的载人飞船、货运飞船,进一步扩展国际空间站的使用效率。此外,NASA 于 6 月向国际空间站部署了 2 套新型太阳能电池阵列,以增强原来的太阳能电池阵列,可支持国际空间站持续工作到 2030 年。

(二)取得多项科学研究成果

2021 年,国际空间站航天员乘组共完成上百项科学研究任务,涉及技术开发及验证、生物及生命科学、物理学、地球及太空科学等领域。截至 7 月,ESA 的等离子体晶体系列实验已持续进行 20 年,发表 100 余篇科学论文,帮助科学家了解行星的形成过程。同月,NASA 航天员在国际空间站首次完成 CRISPR/Cas9 基因组编辑,首次在太空中修复受损的酵母细胞 DNA,这也标志着活细胞首次在太空成功转化。12 月,俄罗斯在国际空间站使用激光在太空中进行无线电能传输实验,该技术未来可为围绕国际空间站和其他航天器的小型卫星提供电能。

(三)美国、俄罗斯对于国际空间站未来发展存在分歧

美国、俄罗斯对于国际空间站 2024 年之后是否继续延寿存在分歧。美国继续坚持其商业化近地轨道空间站的目标,但在商业空间站还未成熟时,则希望国际空间站至少运营到 2028 年。美国 12 月底宣布,将国际空间站至少运营到 2030 年;12 月,NASA 授予纳米架公司团队、蓝色起源公司团队及诺斯罗普·格鲁曼公司团队共计 4 亿美元的合同,开展近地轨道商业空间站的设计工作,希望在 2030 年前完成从国际空间站向商业空间站的过渡。俄罗斯则希望发展自己的轨道空间站,俄副总理尤里·鲍里索夫 4 月表示,鉴于国际空间站已经严重老化,俄罗斯计划着手建造自己的轨道空间站。国际空间站俄罗斯舱段负责人 8 月表示,俄罗斯舱段各系统目前处于严重老化状态,星辰号(Zvezda)舱段 80% 的系统超出使用寿命,无法保证 2025 年后仍能正常工作。俄罗斯提出退出国际空间站计划,也是希望获得美国的经费支持,若没有得到美国的经费,俄罗斯可能将从 2025 年退出国际空间站项目,并将其相关任务转移给国际空间站的合作伙伴,转而建设自己的空间站。

四、商业载人航天

2021 年,美国商业载人航天能力持续快速发展,SpaceX 公司、蓝色起源公司、维珍银河公司等商业航天公司完成多次私人商业太空飞行,拉开商业太空旅行的大幕。

7 月,维珍银河公司、蓝色起源公司先后完成太空船二号与新谢泼德系统的首次商业载人亚轨道旅游,进一步验证了各自商业载人航天运载器的技术安全性,为后续开展常态化的商业

亚轨道飞行奠定了基础,商业亚轨道旅游已经进入快速发展的新时期。

9 月,SpaceX 公司利用猎鹰 9 号火箭/载人龙飞船成功完成"激励 4"飞行任务,将 4 位普通民众送入轨道。本次任务是首次无专业航天员参与的轨道飞行任务,开启了载人航天新的任务类型,使"全平民"、商业化的轨道太空旅游成为可能。未来,随着多型轨道飞行器、亚轨道飞行器投入商业服务,太空旅游有望进入快速发展期,成为世界载人航天的重要组成部分。

五、深空探索

为推进未来的载人登月、探测火星等航天任务,2021 年,美国继续推进"阿尔忒弥斯"计划的实施,国外以火星、小行星等为目标的无人深空探索的热度持续升温。同时,美国、俄罗斯还加快了核推进技术的研发,以实现更快更安全的深空探索。

(一)继续推进"阿尔忒弥斯"计划

为尽快实现载人登月的目标,美国加快载人着陆系统与"门户"月球空间站的建设。第一,研制载人着陆系统。4 月,NASA 将载人着陆系统的研制工作授予 SpaceX 公司,开发用于首次载人登月任务的载人月球着陆器,以帮助航天员从月球轨道到达月球表面并从月球表面返回。7 月,NASA 还启动了未来"月球着陆器"研制的招标工作,寻求商业公司开发用于后续载人登月任务的月球着陆器。第二,推进"门户"空间站的建设。2 月,NASA 授予 SpaceX 公司合同,将使用猎鹰重型运载火箭将"门户"空间站的前两个舱段——动力与推进舱段和居住与后勤前哨舱段发送至月球预定轨道。7 月,NASA 宣布由诺斯罗普·格鲁曼公司负责研制"门户"月球空间站的居住与后勤前哨舱段。该舱段作为"门户"平台的首批舱段之一,主要用作访问乘员的居住舱及月球轨道设施的指挥所。

(二)无人深空探索持续发展

2 月,阿联酋希望号火星探测器进入火星轨道,拉开研究火星大气的大幕;同月,NASA"火星 2020"探测任务下的毅力号漫游车成功降落到火星表面的杰泽罗环形山内,开始进行火星地质、搜寻生命存在迹象、验证利用二氧化碳制造氧气的能力,以及火星土壤的采样工作,还对搭载的火星直升机进行了飞行试验。10 月,NASA 发射 Lucy 小行星科学探测器,开启为期 12 年的探索任务,其将访问特洛伊带的 8 颗小行星,并创造单个航天器访问小行星数目最多的纪录。11 月,NASA 发射撞击小行星的双小行星重定向试验(DART)探测器,DART 将与双小行星系统的小卫星相撞,以改变其绕母星运行的轨道,验证通过撞击改变威胁地球天体的飞行轨迹的概念。

(三)加快核推进技术研发

核推进技术在促进载人探索火星、月球等方面具有巨大潜力。为加速核推进技术发展,美国国家科学院 2 月发布研究报告称,核热推进和核电推进两项技术均能缩短火星探测飞行的时间,且核热推进更加成熟,建议 NASA 加速该技术研发,以确保 2039 年可用于载人火星探索。7 月,NASA 与能源部合作,启动核热推进系统反应堆的概念设计工作,以支撑其未来的深空探索。俄罗斯于 7 月在莫斯科航展上展出宙斯核动力飞船模型,该核飞船将于 2030 年发射,前往木星执行探测任务。

　　展望 2022 年,世界载人航天发展将迎来一个小高潮,美国的 SLS/猎户座飞船将实现首次航天发射,为美国未来的载人登月奠定基础;SpaceX 公司的超重-星舰将进行首次轨道级试飞,推动在美国实现载人登月和载人登陆火星;统一发射联盟的火神火箭、蓝色起源公司的新格伦火箭、俄罗斯的联盟 5 火箭、日本的 H－3 火箭和欧洲的阿里安 6 火箭都将实现首飞,为载人航天发射提供更强大的发射工具。

(军事科学院军事科学信息研究中心)

2021年国外载人航天运载器发展综述

2021年,国外共执行16次与载人航天相关的发射活动,其中美国8次、俄罗斯8次,所有发射任务均获成功。国外载人航天运载器技术快速发展,太空旅行持续升温,亚轨道商业载人业务启动运营,载人航天的参与者和任务目标均呈多元化发展的态势。表1为2021年载人航天活动发射情况。

表1 2021年载人航天活动发射情况

国 家	运载器	发射日期	有效载荷	发射结果	发射场
俄罗斯	联盟-2.1a	2021.2.15	进步MS-16货运飞船	成功	拜科努尔
		2021.4.9	联盟MS-18载人飞船	成功	拜科努尔
		2021.6.29	进步MS-17货运飞船	成功	拜科努尔
		2021.10.5	联盟MS-19载人飞船	成功	拜科努尔
		2021.10.28	进步MS 18货运飞船	成功	拜科努尔
		2021.12.8	联盟MS-20载人飞船	成功	拜科努尔
	质子号M	2021.7.21	科学号多功能实验舱	成功	拜科努尔
	联盟-2.1b	2021.11.24	船坞号节点舱	成功	拜科努尔
美 国	猎鹰9号	2021.4.23	载人龙飞船(Crew-2)	成功	卡纳维拉尔角
		2021.6.3	货运龙飞船(CRS-22)	成功	卡纳维拉尔角
		2021.8.29	货运龙飞船(CRS-23)	成功	卡纳维拉尔角
		2021.9.15	载人龙飞船("激励4"任务)	成功	卡纳维拉尔角
		2021.11.11	载人龙飞船(Crew-3)	成功	卡纳维拉尔角
		2021.12.21	货运龙飞船(CRS-24)	成功	卡纳维拉尔角
	安塔瑞斯-230	2021.2.20	天鹅座飞船	成功	沃洛普斯
		2021.8.11	天鹅座货运飞船	成功	沃洛普斯

一、任务执行情况

2021年,国外载人航天发射重点围绕国际空间站(ISS)运行开展,共执行16次发射任务,包括8次货运飞行、6次载人飞行和2次试验舱段发射。参与上述任务的火箭包括:俄罗斯的联盟-2.1a、联盟-2.1b、质子号M火箭;美国的猎鹰9号和安塔瑞斯-230火箭。此外,新谢泼德和太空船二号分别开展了亚轨道载人飞行。

（一）俄罗斯有序开展国际空间站任务，任务总量较往年有所缩减

俄罗斯继续为国际空间站提供乘员轮换及货运补给运输服务，但在美国商业载人运输系统投入使用后，2021 年俄罗斯承担的国际空间站运输任务总量较往年有所缩减。搭载乘员中除一位为美国航天员外，其余均为俄罗斯航天员。

发射任务主要由联盟-2.1a 火箭执行，该火箭已全面代替联盟-FG 和联盟-U 火箭，并在 2021 年成功执行了 3 次载人任务和 3 次货运任务，共将 9 名航天员和约 7.4 t 物资送往国际空间站。

此外，俄罗斯还利用质子号 M 火箭和联盟-2.1b 将科学号多功能实验舱与船坞号节点舱发射至国际空间站。其中，质子号运载火箭是第 425 次发射，也是该火箭最后一次承担国际空间站的发射任务。

（二）美国开启商业载人新时代

美国依靠商业载人运输系统恢复了独立自主的载人航天发射能力。2021 年，美国国际空间站乘员和货运发射任务由 SpaceX 公司和诺斯罗普·格鲁曼公司承担。其中，SpaceX 的猎鹰 9 号/龙飞船系统进行了 3 次载人发射和 3 次货运发射，将 8 名航天员和约 8.5 t 物资送入国际空间站。诺斯罗普·格鲁曼的安塔瑞斯/天鹅座系统完成 2 次货运发射，将约 7.53 t 物资送入国际空间站。

1. SpaceX 在载人发射任务中首次采用复用火箭

4 月 23 日，SpaceX 公司首次采用复用火箭一子级执行载人发射任务，成功完成美国国家航空航天局（NASA）商业乘员计划下的第二次正式飞行任务（Crew-2），本次任务同时还采用了复用飞船。NASA 和 SpaceX 公司原本计划在国际空间站的载人发射任务均采用全新的火箭，但随着 SpaceX 公司重复使用技术的成熟，NASA 在 2020 年 5 月修改了合同，允许该公司从第二次正式任务开始采用复用火箭一子级。执行载人龙飞船发射任务的火箭一子级需要利用海上平台实现回收，主要原因是载人龙飞船质量较大，而发射弹道又是以发生事故时能保证机组人员安全逃生为原则而设计的，导致火箭一子级剩余的推进剂较少，不足以支撑其飞回卡纳维拉尔角陆上着陆区。

2. 波音星际客船第二次试飞因多系统因素导致推迟

波音公司原计划 2021 年利用宇宙神-5 火箭发射星际客船，进行其第二次无人试飞（OFT-2），但因星际客船推进系统、宇宙神-5 火箭、国际空间站泊位和卡纳维拉尔角档期等原因多次被推迟。目前，该任务已推迟至 2022 年执行。

OFT-2 任务最初定在 2021 年 3 月底或 4 月初执行。但 2 月得克萨斯州冬季风暴导致休斯顿地区停电，迫使软件试验中断，导致进度推迟。随后，在地面试验期间，电涌导致电子设备损坏，为更换电子设备，进度又被迫推迟至 8 月。然而在预定发射时间前 3 h 左右，由于飞船服务舱的推进系统阀门位置指示异常，发射被中止。在对异常阀门外部进行的物理检查和化学采样中发现仅能打开 13 个异常关闭阀门中的 9 个，随后，星际客船从宇宙神-5 火箭上被卸下并被运回肯尼迪航天中心的处理厂房。

（三）商业私人太空旅行成为新的焦点

2021 年被称为"太空旅行元年"，美国的蓝色起源、维珍银河和 SpaceX 公司都在太空旅行方面有所突破。

7 月 11 日，维珍银河创始人、71 岁的理查德·布兰森搭乘太空船二号成功完成了一次亚轨道飞行，成为第一个被送入太空的亿万富翁，飞行高度约 85 km。

7 月 20 日，继布兰森之后，蓝色起源公司创始人杰夫·贝索斯搭乘该公司的新谢泼德亚轨道飞行器成功飞入太空，飞行高度达 106 km。10 月和 12 月，新谢泼德先后完成第二次和第三次载人飞行，乘客分别为 4 人和 6 人。

9 月 15 日，SpaceX 公司利用猎鹰 9 号/载人龙飞船成功将 4 名太空旅客送入轨道，将太空旅行的高度推至约 590 km 的近地轨道，这对载人航天的商业化具有重要里程碑意义。

二、新型载人运载器研制进展

（一）美国多家公司发展下一代载人运输系统

1. 政府主导研制的航天发射系统(SLS)火箭首飞箭主体结构已完成组装

2021 年，SLS 重型运载火箭首飞箭的主体结构完成组装，有望在 2022 年年初实现首飞。

SLS 由政府主导，在"阿尔忒弥斯"计划下，帮助美国实现重返月球的载人深空探索目标。火箭初始构型 SLS-1 可将猎户座载人飞船送入月球轨道，通过月球"门户"空间站转移到载人月球着陆器，或者在月球轨道直接与载人月球着陆器对接，再实现登月和返回，这种情况下载人飞船和载人月球着陆器需要分开多次发射。未来，改进后的 SLS-2 火箭可以同时发射猎户座载人飞船和载人登月着陆器，一次发射即可完成载人登月。此外，SLS 火箭的整流罩直径达到 8.4 m，适合将大型机器人探测器、新型太空望远镜等发射到月球以外的目的地，美国国防部和情报机构也表示有兴趣采用 SLS 火箭为其提供有效载荷发射服务。

然而，对于上述宏伟计划，当前的 SLS 火箭生产制造能力成了一个主要限制因素。自 2011 年 9 月 SLS 项目启动以来，研制周期已超过 10 年，首飞时间从 2017 年推迟至 2022 年，波音公司所负责的芯级研制问题是导致首飞推迟的重要因素之一。但在首枚芯级交付之后，波音公司完善了生产制造流程，后续芯级的制造工作进展顺利，年产量有望增加至 2 枚。按照目前 NASA 与波音公司签订的合同，2030 年前要完成 8 枚 SLS 火箭的总装。另外，NASA 及其分包商已经完成了前 4 次 SLS 任务所需要的 16 台 RS-25 发动机的改进工作，开始生产更多的发动机，以满足后续任务需求。

2. 联合发射联盟(ULA)的火神火箭研制稳步推进

火神火箭是由联合发射联盟研制的新型主力运载火箭，采用两级加捆绑的构型，自 2014 年开始研制，主要为满足国家安全航天发射(NSSL)计划需求。同时，火神火箭也将为 NASA 载人和深空项目提供支持，将发射追梦者飞行器为国际空间站执行货运任务，未来也将替代宇宙神-5 火箭执行星际客船的载人发射。按照原计划，火神火箭的前两次任务分别是在 2021 年第四季度发射太空机器人公司的月球着陆器和 2022 年发射追梦者货运飞船，但发射计划由于蓝色起源公司 BE－4 液氧/甲烷发动机和火箭性能等相关技术问题与有效载荷方面的问题而推迟。

火神火箭一子级直径 5 m,采用两台 BE－4 液氧/甲烷发动机,初始构型采用半人马座上面级,后续构型采用先进低温渐进上面级(ACES),可根据任务需要捆绑 0、2、4 或 6 个固体助推器。火神火箭的近地轨道运载能力为 17.8～30.3 t,地球同步转移轨道运载能力为 7.6～15 t。未来,火神火箭的一子级发动机段将利用伞降技术实现回收复用。此外,火神火箭为了适应载人发射任务,还在原有基础上增加了应急检测系统和载人任务的接口系统。

3. SpaceX 公司的超重-星舰即将进行首次轨道级试飞

超重-星舰运输系统是 SpaceX 公司正在研制的终极火箭产品,将替代现有的猎鹰 9 号和猎鹰重型火箭,可执行轨道空间站补给与维护、全球"点到点"超快速客运服务以及火星殖民等任务。2021 年 4 月,NASA 宣布授予 SpaceX 公司价值 28.9 亿美元的研发合同,用于开发"阿尔忒弥斯"计划下的首个商用载人月球着陆器,即星舰月球着陆器。

超重-星舰高 120 m,直径 9 m,采用液氧/甲烷推进剂,能将超过 100 t 的货物运往近地轨道,并可通过在轨加注技术实现月球甚至火星的运输,具有载人能力。

2021 年,星舰原型机在经历了 10 km 级高空试飞中的 3 次软着陆失败后,终于在 5 月 5 日的试验中,利用 SN15 原型机首次在 10 km 高空试飞中实现软着陆,验证了 3 台猛禽发动机的性能、飞行器整体空气动力学再入能力、着陆前飞行姿态控制调整能力、机身襟翼控制性能等。下一步,SpaceX 公司将开展首枚超重火箭级和星舰飞船级(超重 B4 原型机＋星舰 S20 原型机)组合体的轨道级试飞。目前,首枚组合体已完成了 1 次对接,星舰 S20 原型机完成了预燃室点火试验和两次静点火试验。

(二) 俄罗斯修改载人登月方案

1. 论证安加拉-A5V 火箭载人登月方案

俄罗斯能源火箭与航天集团调整探月计划,考虑利用 4 枚安加拉火箭替代原计划的重型火箭完成载人登月,并计划 2030 年前实现首次载人登月。

4 枚安加拉-A5V 火箭将分批把新型载人飞船、月球起降系统、2 枚氢氧上面级(KVTK)送入近地轨道。载人飞船在近地轨道与轨道站对接,在轨等待 KVTK 上面级。随后载人飞船在轨与上面级对接,月球起降系统也将同时与另 1 枚 KVTK 上面级对接。在将载人飞船和月球起降系统送入椭圆轨道后,上面级任务结束。载人飞船和月球起降系统转轨至高度约 200 km 的近月轨道后完成对接。航天员进入月球起降系统舱内,完成月面着陆。月面任务结束后,上升模块由月球表面起飞,在轨与载人飞船对接。与上升模块分离后,载人飞船返回地球。

安加拉-A5V 火箭是安加拉-A5 的改进型,其方案在 2014 年首次提出,主要是通过在安加拉-A5 的基础上使用新的 KVTK,使近地轨道运载能力提升至 37.5 t,地球同步轨道运载能力提升至 8 t。由于缺乏资金,安加拉-A5V 构型的开发实际上在初步设计阶段已处于停滞状态。安加拉-A5V 的首次发射至少会推迟到 2027 年或 2028 年。由于技术风险太大,俄罗斯能源火箭与航天集团于 9 月决定,放弃采用安加拉火箭替代重型火箭实施登月的构想。

2. 俄罗斯暂停研制探月重型火箭项目

2021 年 9 月,俄罗斯萨马拉火箭航天中心宣布暂停探月重型火箭的研制项目,待工作计划明确后可能会恢复工作。

俄罗斯原计划为载人登月任务建造叶尼塞新型重型运载火箭。2019 年 2 月,俄政府签署了关于 2028 年前研制重型运载火箭的计划文件,2019 年年底通过了初步设计方案。叶尼塞火箭为两级构型,芯级将捆绑 6 个助推器。助推器拟采用在研的联盟 5 火箭的一子级,发动机为 RD-171MV 液体火箭;芯级采用联盟 5 火箭的一子级或联盟 6 火箭的一子级,发动机为 RD-171MV 或 RD-180 液体发动机;二子级采用在研的安加拉-A5V 火箭的氢氧二子级,发动机为 RD-0150。叶尼塞火箭可实现的近地轨道和探月轨道运载能力分别为 100 t 和 27 t (或 80 t 和 20 t)的目标。叶尼塞试飞成功后,俄罗斯政府将在其基础上研制三级型顿河号火箭,将近地轨道运载能力提高至 140 t,探月运载能力提高到 33 t。2020 年 12 月,俄罗斯航天国家集团公司宣布,叶尼塞将采用甲烷燃料。2021 年 1 月,俄罗斯科学院空间委员会建议推迟重型火箭的研制。现在,探月重型火箭的相关研制工作已完全停止,下一步计划等待俄罗斯政府的批复。

(三)日本 H-3 火箭首飞推迟

H-3 是日本在研的新一代主力火箭,由日本最大的火箭制造商三菱重工研制。该火箭采用两级加捆绑构型,一、二子级使用液氢/液氧推进剂,捆绑 0、2 或 4 个固体助推器,预计在 2023 年后为国际空间站运送货物,并为 NASA 的"阿尔忒弥斯"计划下的月球"门户"空间站提供货运补给。2021 年 3 月,首枚 H-3 首飞箭运抵种子岛航天中心,并在 3 月 22 日完成了低温推进剂加注试验,H-3 还需完成系留点火试验。

(四)印度载人航天计划推迟

1. 制定 10 年航天规划,瞄准发展重复使用技术和重型运载火箭

印度空间研究组织(ISRO)在未来 10 年发展规划中,提出要发展可重复使用技术、重型运载火箭以及先进推进系统,并扶持私营航天活动。重点发展领域包括:地面站、载人航天、光学与遥感、卫星平台、宽带通信和人力资源建设。维克兰姆·萨拉巴伊航天中心负责火箭研制,目标瞄准重型运载,旨在实现部分和完全重复使用,并开展超燃冲压发动机研究;液体推进系统中心将发展半低温推进能力,把印度近地轨道运载能力提高到将近 5.5 t,该中心还将研发液氧甲烷以及电推进技术。

2. 因新冠肺炎疫情影响载人航天计划和推迟"月船 3 号"发射任务

印度原计划在完成两次无人试飞后于 2022 年 8 月进行载人首飞,以纪念印度独立 75 周年。但受新冠肺炎疫情影响,两次试飞时间推迟,已无法实现 2022 年载人首飞的目标。ISRO 计划在 2021 年 12 月进行首次无人试飞,在 2022—2023 年进行第二次无人试飞。试飞任务将由改装后的 GSLV-MK3 运载火箭和 Gaganyaan 载人飞船执行。GSLV-MK3 火箭的上面级经过改装,能够与乘员舱和逃逸系统兼容。印度的目标是成为继俄罗斯、美国和中国之后第四个具有独立载人航天能力的国家。

此外,"月船 3 号"登月任务的发射可能推迟到 2022 年。该任务涉及一个着陆器和小型漫游车。2019 年的"月船 2 号"任务成功地在月球轨道上实现了环绕飞行,尽管下降到了大约 2 km 的高度,但着陆尝试以通信中断而宣告失败。"月船 3 号"预计将瞄准同一着陆点,着陆

点位于月球赤道以南约 70.9°。"月船 2 号"轨道器将充当"月船 3 号"着陆器的通信中继站。

三、结束语

美国在登月项目上保持着稳定高额的经费投入,形成了载人登月重型火箭由政府和私营多渠道研制的局面。SLS 初始构型已进入最后总装阶段,SpaceX 的超重-星舰即将进行轨道发射,有助于其实现 2025 年载人登月的目标。

在航天大国竞争中,俄罗斯略显乏力。俄罗斯瞄准 2030 年登月,但受经济条件限制,航天领域经费投入不足,重型火箭项目面临的挑战愈发明显,促使俄罗斯再次考虑利用安加拉登月的方案,重型火箭研制工作被暂停。

受新冠肺炎疫情等因素的影响,日本和印度的载人航天计划进展也不理想,载人运输系统的首飞遭遇推迟。

相比之下,商业太空旅行发展如火如荼。到目前为止,维珍银河的亚轨道太空旅游服务,已有 600 多人预订了票价在 20 万到 25 万美元之间的门票。SpaceX 也获得了包括 Ax-1 和"亲爱的月亮"等私人太空旅行合同。"激励 4"任务有效地证明了进行私人太空旅行的可行性,激发了 SpaceX 私人太空旅行业务的急剧增长。

(北京航天长征科技信息研究所)

2021 年国外载人航天器发展综述

2021 年,载人航天继续快速发展。美国货运龙飞船的重复使用创下飞船新的复用周转纪录,载人龙飞船实现世界首次载人飞船重复使用;美国国家航空航天局(NASA)为确保在近地空间站不出现能力断档风险,努力将国际空间站延寿至 2030 年并促进商业空间站建设;放弃激进的登月时间表,继续推进"阿尔忒弥斯"计划的实施,扩展新的合作伙伴。俄罗斯成功发射科学号多功能实验舱和船坞号节点舱,完成国际空间站俄罗斯舱段扩建,大幅提升其在轨应用能力;继续推进雄鹰等新一代载人飞船研制和空间基础设施建设,同时积极开展国际合作,目标是在 2030 年前后完成载人登月。欧洲以及日本积极参与国际空间站(ISS)运营,同时加快"阿尔忒弥斯"计划分系统研制工作;印度继续推进本国的载人航天工程,在近地轨道载人航天活动所需技术和航天员训练方面有所突破。

一、乘员和货物运输系统

2021 年,国外载人航天领域共开展 16 次发射任务,其中美国载人龙飞船开展 3 次任务,货运龙飞船开展 3 次任务,天鹅座飞船开展 2 次货运任务;俄罗斯联盟 MS 飞船执行 3 次载人任务,进步 MS 飞船执行 3 次货运任务,进步 M-UM 执行 1 次空间站舱段运送任务,质子号 M 运载火箭执行 1 次空间站舱段发射任务。另外,太空船二号、新谢泼德系统在 2021 年执行亚轨道飞行任务 5 次。

(一) 载人、货运龙飞船相继实现重复使用,近地轨道运输系统效能大幅提升

SpaceX 公司的货运龙飞船搭乘猎鹰 9 号运载火箭于 6 月、8 月和 12 月分别执行 CRS-22 任务、CRS-23 任务、CRS-24 任务,完成第二阶段"商业补给服务"合同的第二、三、四次任务。在 CRS-23 任务中,SpaceX 公司首次复用升级的货运龙飞船。代号为 C208 的货运龙飞船曾在 2020 年 12 月首次执行国际空间站任务,在近 40 天后于 2021 年 1 月 14 日安全从轨道返回地球。C208 飞船在不到 8 个月后再次发射入轨,创下货运龙飞船新的周转纪录,凸显了该升级型飞船重复使用性的显著提高。

SpaceX 公司于 4 月利用猎鹰 9 号运载火箭成功发射载人龙飞船执行第二次国际空间站商业乘员运输服务,实现世界首次载人飞船复用,以及首次复用火箭和复用飞船的组合发射。本次任务中,猎鹰 9 号运载火箭一子级曾于 2020 年 11 月执行乘员-1 载人发射任务,载人龙飞船则是执行过演示-2 载人飞行试验任务的奋进号飞船。为确保乘员安全,通常情况下载人龙飞船的翻修需要对舱内的部分阀门、热防护系统组件、降落伞系统等进行替换。此次翻修过程中,SpaceX 公司还对飞船进行了其他重要改进,使飞船具有更宽松的发射和着陆气象条件

准则:一项是对结构进行加强,使飞船能够在更大风速和浪高情况下返回并溅落,扩大着陆窗口;另一项重要改进是增加逃逸系统推进剂的加注量,提升飞船的发射中止性能,降低发射限制,使飞船在地面风速较强的情况下也可以发射。

(二)印度加快推进"天空飞船"研制

印度在研的"天空飞船"由印度空间研究组织(ISRO)负责运行,国防研究与发展组织、印度斯坦航空有限公司等多家机构参与研制。印度目前测试了"天空飞船"的其他关键系统,包括发射中止和再入系统。

印度将原定 2020 年 12 月实施的首次无人轨道飞行测试任务推迟到 2021 年 12 月。随着 2021 年上半年印度新一轮新冠肺炎疫情暴发,飞行任务再次推迟到 2022 年 6 月。无论是疫情的直接影响还是对航天预算的间接冲击,都给印度载人航天的发展和进度带来巨大压力。如果后续载人航天任务取得成功,印度将成为继俄罗斯、美国、中国之后,第四个独立开展载人航天的国家。近地轨道载人航天飞行之后,印度有意启动空间站计划和载人登月计划。

二、近地轨道空间站

(一)各国持续向国际空间站运送新型载荷,加强空间站在轨应用能力

2021 年,美国、俄罗斯、日本等国家以及欧洲航天组织向国际空间站运送了大量科学研究材料、乘员补给、太空行走设备、站上硬件设施、计算机以及立方体卫星。

国际空间站现有 8 块太阳能电池阵,由于长期暴露于太空环境,这些电池阵出现老化迹象。根据计划,货运龙飞船将在 2021—2022 年分 3 批部署 6 个延展式太阳能电池阵(iROSA),分别由 CRS-22、CRS-25、CRS-26 任务运送至国际空间站,提升站上电源性能,为开展在轨研究和站上活动提供足够能源。延展式太阳能电池阵是大型、轻质、柔性、紧凑的太阳能电池,其质量、体积、功率质量比等性能均优于传统太阳能电池阵。据 NASA 估算,新型太阳能电池阵部署后整个电源系统可为国际空间站提供 215 kW 电力,供电能力比当前约 160 kW 提高 20%~30%。

执行 NG-16 任务的天鹅座飞船向国际空间站运送了"原型红外载荷",在飞船停靠空间站约 3 个月时间内,在轨收集地球红外背景数据,待飞船离开空间站后释放试验载荷,使其短期内进行自由飞行,以在再入大气前通过不同角度收集更多数据,全部数据将用于开发下一代导弹预警卫星所需算法。该项目与诺斯罗普·格鲁曼公司参与的导弹防御局"高超声速与弹道跟踪天基传感器"(HBTSS)项目有关,美国计划打造近地轨道导弹预警小卫星星座,用来识别高超声速导弹及其他先进武器。此外,货运龙飞船将日本的半自主半遥控机械臂 GITAI S1 送达国际空间站,该机械臂全长 1 m,拥有 8 自由度,用于帮助航天员执行日常任务。

(二)国际空间站俄罗斯舱段完成扩展工作,进一步提升空间站在轨能力

俄罗斯部署了科学号多功能实验舱和船坞号节点舱等 2 个新舱段,完成了国际空间站俄罗斯舱段的扩建工作。

科学号多功能实验舱为国际空间站俄罗斯舱段部分最大的舱段,由俄罗斯能源火箭与航天集团与赫鲁尼切夫国家航天科研生产中心等企业共同研制。科学号多功能实验舱包含应用、生保、推进、飞控、热控等多个分系统,相互配合支持其在轨稳定运行。实验舱共设有 33 个科学实验通用工位,可在轨开展 13 类科学实验。欧洲机械臂(ERA)随同科学号多功能实验舱发射升空,新机械臂全长 11.3 m,拥有 7 个自由度,抓取精度 5 mm,可抓取最大质量为 8 000 kg,成为首个能触达俄罗斯舱段部分的机械臂。

船坞号节点舱为带有 6 个对接口的加压球形舱段,由进步 M 飞船送往国际空间站,设计寿命超过 30 年。在 6 个对接口中,1 个为主动对接口(天顶方向),用于与国际空间站科学号对接,另 5 个为被动对接口,用于支持其他飞船、舱段等对接。船坞号节点舱安装在科学号多功能实验舱的天底点,在曙光号(Zarya)、星辰号(Zvezda)等舱段之间留出了足够空间,其他航天器对接时能够有效避免干扰。

随着科学号多功能实验舱、船坞号节点舱的部署,国际空间站俄罗斯舱段的能力大幅提升。第一,航天员支持能力增强,科学号多功能实验舱为俄罗斯航天员增设了第三个铺位、第二个卫生间。此前由于缺乏工作和居住空间,俄罗斯若有 3 名航天员同时在轨则需要在美国舱段借宿。2017 年,俄罗斯将在轨航天员数量从 3 人减至 2 人。科学号成功部署后极大改善了航天员的在轨生活与工作条件。第二,对接能力增强。为了支持联盟进步飞船对接,满足任务重叠期间的对接需求,国际空间站俄罗斯舱段保持有 4 个对接口可用。船坞号节点舱部署后,俄罗斯标准的对接/停泊口数量增加至 8 个,能够进一步提升未来任务的灵活性。

(三)各国积极推进国际空间站延寿,美国、俄罗斯支持独立空间站方案研究,确保近地轨道载人航天能力连续

NASA 总监察长办公室(OIG)发布《NASA 对国际空间站的管理和对近地轨道商业化举措》报告,表达了对国际空间站现有一些舱段长期运行以及商业空间站开发可能出现延误的担忧。NASA 目前计划将国际空间站运行到 2030 年,同时努力支持商业空间站在 2028 年投入使用,从而在国际空间站退役之前形成能力。NASA 于 12 月 2 日通过"商业近地轨道开发"(CLD)倡议,以附有经费的航天法案协议方式,向蓝色起源公司、纳米架公司、诺斯罗普·格鲁曼公司颁发了总计 4.156 亿美元的经费,帮助上述公司在 2025 年之前完善其拟建空间站的设计,推动商业空间站的发展,促使商业空间站在 2030 年接替国际空间站运行,实现由美国持续主导、稳健发展近地轨道商业经济。所有竞标者和其他人都将有资格在未来 10 年中竞争该计划的第二阶段,届时 NASA 将签署合同,对供 NASA 航天员使用的商业空间站进行认证,并从这些空间站购买初始服务。

俄罗斯最初积极开展国际空间站延寿研究,但在 2019 年星辰号服务舱发生空气泄漏事件后,俄罗斯在 2021 年 4 月提出因现有舱段老化,计划 2025 年开始建造独立的俄罗斯轨道服务站(ROSS);其核心舱计划 2025 年发射,并在 2035 年完成俄罗斯空间站的建设。俄罗斯新空间站并非有人长期值守,而是采取由 2~4 名航天员组成的乘组定期访问的机制,因此,该站将主要使用机器人和人工智能技术。俄罗斯新空间站的建设分两个阶段进行,第一阶段将于2025—2030 年发射核心舱、科学号能源舱、节点舱和气闸舱 4 个舱段;第二阶段将于 2030—2035 年为空间站补充空间有效载荷和实验舱及航天器维护平台,将舱段数量增加到 6 个,所有舱的容积大约为 667 m³。同时,空间站的外部工作点达到 48 个。航天员每年访问该站 1~

2 次,每年最多发射 3 艘货运飞船。载人飞船从拜科努尔和东方两个发射场发射。第一阶段将继续使用进步货运飞船和联盟载人飞船前往空间站,第二阶段将使用雄鹰号载人飞船。

三、载人月球探测计划

(一) 美国载人重返月球计划整体延迟,持续加强"阿尔忒弥斯"计划的国际合作

2021 年 11 月,NASA 正式宣布放弃 2024 年载人重返月球的目标,将 NASA 航天员送往月球表面的时间至少推迟到 2025 年。NASA 说明了几点原因:蓝色起源公司对选择 SpaceX 公司作为载人着陆系统(HLS)研发团队的诉讼,导致 NASA7 个月没有与 SpaceX 公司就载人着陆系统项目进行任何联系;国会没有为载人着陆系统拨出足够的资金,NASA 在特朗普政府最后一次提出的 2021 财年预算提案中,要求为载人着陆系统项目提供 33 亿美元,但国会只提供了 8.5 亿美元;新航天服的研发将无法在 2024 年登月前完成。11 月,NASA 总监察长办公室公布审计报告称,2025 年的目标是不现实的,要想把航天员送上月球,必须解决包括航天服和着陆系统研制进度、资金短缺以及疫情影响等问题,预计要到 2028 年才能完成登月。

在国际合作方面,2021 年 2 月,空客公司与欧洲航天局(ESA)签署合同,为猎户座飞船研制另外 3 个欧洲服务舱(ESM)。日本政府与 NASA 在 1 月 12 日签订了关于日本参与月球"门户"空间站的合作协议,日本将为"国际居住舱"提供环境控制与生命保障系统、蓄电池、热控制及相机等组件,为"居住与后勤前哨舱"提供蓄电池,此外还将开发新一代 HTV - X 货运飞船,最终将其用于"门户"空间站项目。日本丰田公司在 2021 年继续深化与日本宇宙航空研究开发机构(JAXA)的合作,联合研究月球燃料电池汽车技术,共同开发"月球巡洋舰"载人加压月球车以用于未来探月任务,计划支持 2 名航天员开展 14 天的科考,活动范围超过 10 km。2021 年,共有韩国、新西兰、巴西、波兰和墨西哥 5 个国家同美国签署了《阿尔忒弥斯协定》,截至 2021 年底共有 14 个国家参与了美国主导的"阿尔忒弥斯"计划。这些参与国在加入协定后,将进一步扩大同美国在太空领域的合作,今后将参与"阿尔忒弥斯"计划及其后续计划。

(二) 俄罗斯进一步明确载人登月技术路线

在载人登月领域,俄罗斯没有加入美国主导的"阿尔忒弥斯"计划,与 NASA 签署有关联合建造"门户"空间站的协议也被暂时搁置,目前正在稳步推进载人月球探测系统研制。2021 年 1 月,俄罗斯科学院空间委员会建议推迟叶尼塞超重型火箭的研制,2 月俄罗斯进步火箭与航天公司宣布由于叶尼塞火箭技术参数暂未确定,将暂停该型火箭的研制。鉴于此种情况,俄罗斯首次载人登月将计划采用"安加拉火箭/小鹰飞船+空间拖船"的技术实施方案。

俄罗斯雄鹰号载人飞船主要用于月球探测任务,并能够完成近地轨道空间站的技术维护,能够自主开展空间实验和研究。目前,雄鹰号飞船正在进行单个结构元件、仪器和组件的制造和测试。俄罗斯计划于 2023 年完成雄鹰号飞船的首飞;2025 年利用雄鹰号飞船完成载人飞行;2029 年利用雄鹰号飞船完成载人绕月飞行,并在此基础上完成轻便型小鹰号飞船的首飞;2030 年携载俄罗斯航天员登陆月球。

四、新型载人航天系统

（一）星舰系统开展多次飞行试验，创新商业载人航天系统进展迅速

2021 年，SpaceX 公司快速推进星舰（Starship）系统的研制和试验工作，包括星舰 SN9/10/11/15 等。该系统主要用于开展高空飞行试验，于 2021 年 5 月实现 10 km 跳跃飞行，并获得 NASA 商业载人月球着陆器研制合同。后续，SpaceX 公司计划继续推进星舰的研制和试验工作，并计划对星舰 SN20 进行重大技术升级，为星舰上配备 6 台猛禽发动机，形成完全版的星舰，开展轨道飞行试验，实现 25 Ma 再入和着陆。

与此同时，SpaceX 公司已经组装了首枚试验用的超重火箭，编号为 BN1，用于制造和生产工艺验证；正在建造超重 BN2，用于大气层内飞行试验；后续计划制造超重 BN3，用于入轨发射试验。根据计划，SpaceX 公司拟在 2022 年利用星舰进入近地轨道，在 2023 年飞往月球，2024 年无人飞往火星，2026 年载人飞往火星。

（二）太空旅游快速发展，亚轨道飞行具有广泛应用能力

随着航天技术不断发展成熟，商业航天迅猛发展，亚轨道、轨道飞行也从早期的试验性质逐步向商业性质发展。

在太空旅游项目可选择的载人系统中，联盟、载人龙飞船主要用于轨道飞行，而新谢泼德系统、太空船二号主要用于亚轨道飞行。2021 年 7 月，维珍银河公司和蓝色起源公司分别利用太空船二号、新谢泼德系统成功完成载人亚轨道飞行；9 月，SpaceX 公司利用载人龙飞船成功开展首次无专业航天员参与的轨道旅游任务；12 月，太空探险公司时隔 12 年再次利用联盟飞船将两名太空游客送达国际空间站。此外，公理太空公司将于 2022 年 2 月利用载人龙飞船搭载 3 名私人航天员飞往国际空间站，执行首次商业任务。3 名航天员将在国际空间站进行 100 多个小时研究，在一周时间内进行 25 次实验。该公司还计划在 2022 年第三季度执行第二次商业任务。

五、结束语

（一）各国高度重视保持近地轨道长期载人能力

美国目前仍然计划利用国际空间站项目来保持近地轨道载人能力。国际空间站的最初设计寿命为 15 年，先后经历两次延寿，目前计划持续运营至 2024 年。2019 年 11 月，美国参议院商业、科学和运输委员会在《2019 年 NASA 授权法案》中提议将空间站延寿至 2030 年。尽管最终方案仍未敲定，但美国国会、NASA 等均有意支持国际空间站延寿，拜登政府也在 2021 年承诺将国际空间站运行延长至 2030 年。保持近地轨道载人能力将增强 NASA 的创新和竞争力，推进研究和技术发展，为实现"阿尔忒弥斯"计划和登陆火星做好准备。

与此同时，国际空间站项目的另一主要合作伙伴俄罗斯已着眼后国际空间站时代，开展提

前研究和布局;提出在国际空间站退役后,以俄罗斯舱段新部署的科学号、船坞号等为基础,构建独立的轨道服务站,除了开展近地轨道载人航天活动外,还能够支持载人月球和深空探索。

(二)商业公司推进多个型号飞船发展,在载人航天领域作用持续扩大

SpaceX公司载人龙飞船是世界首次成功利用重复使用的载人飞船将航天员送入轨道。飞船复用能力进一步提升,以载人龙飞船为代表的新型载人航天系统也推动世界载人航天能力进一步提升。此外,SpaceX公司的星舰系统创新性较强,技术不够成熟,在突破制造技术后能够在短周期内、以较低成本进行大量的试验。通过提前发展相关系统,SpaceX公司在未来的民用和商业火星探测货物运输、乘员运输等任务中将占据先发优势地位。

波音公司的星际客船和内华达山脉公司的追梦者飞船也将在未来成功完成在轨试验后,强有力地支撑美国在近地轨道保持载人能力。

(三)载人登月计划出现延迟,各系统仍处于稳步推进状态

美国未来的深空探索计划仍坚持"从月球到火星"的发展目标,致力于在"阿尔忒弥斯"计划框架下,将首位女航天员和首位非白人航天员送上月球;继续推进航天发射系统、猎户座飞船的研发,发展商业合作,研发载人着陆系统和"门户"月球空间站,进行前沿科学和技术研究,最终实现登陆火星;进一步发展前沿的航天航空技术,促进商业航天的健康发展。未来,美国将重新制定时间表,更好地将预期与火箭、飞船、航天服和其他系统的开发时间表保持一致,围绕载人登月制定一份任务成本估算,每年更新一次,并对每项任务的成本和进度进行核算,以保证项目总体稳步推进。

(四)太空旅游业加快发展,成为世界载人航天的重要组成部分

当前,近地轨道载人航天活动仍主要面向政府用户,而亚轨道旅游则是直接面向公众客户,其竞争更加激烈。此外,轨道/亚轨道太空旅游价格仍较为高昂。除了价格外,优化服务和体验也是重要的竞争点,新谢泼德系统通过超大舷窗、有人参与的实验等亮点吸引用户,太空船二号以空天结合的飞行体验作为自身特色。在激烈的竞争中,不断创新发展模式、优化服务已经成为重要的发展方向。随着太空船二号、新谢泼德系统、载人龙、联盟飞船等多型系统投入常态化商业旅游服务并成为世界载人航天的重要组成部分,太空旅游业进入快速发展时期。太空旅游将为推动载人航天可持续发展、促进太空经济增长做出重要贡献。

(北京空间科技信息研究所)

2021 年国外航天员系统发展综述

2021 年,国际空间站(ISS)第 64～66 长期考察组执行驻站任务,航天员们不仅为国际空间站成功安装新型太阳能电池板,将科学号多功能实验舱与空间站进行了一体化连接,而且在轨开展了多领域的科学研究,其中航天医学研究领域取得多项新的研究发现。

一、航天员执行航天飞行任务情况

(一) 国际空间站两批考察组顺利完成驻站任务

国际空间站第 64 长期考察组共驻站 184 天(2020 年 10 月 21 日—2021 年 4 月 16 日),在此期间进行数百项微重力研究,其中包括:①食物生理学研究,主要研究改善饮食对航天员免疫功能和肠道微生物群的影响,以及这些改善如何帮助他们进一步适应太空飞行;②"太空七号"基因研究,该实验旨在更好地了解太空飞行如何影响航天员的大脑功能;③"植物栖息地"-02 研究,在太空观察不同类型的光照和土壤对萝卜生长的影响;④BioAsteroid 实验,研究微生物和岩石之间的相互作用以及在太空微生物群落中是否发生物理和遗传变化;⑤组织芯片实验,主要对空间站上的组织芯片进行一系列的微重力测试,包括对肺功能、骨髓、血脑屏障和肌肉萎缩的研究;⑥心脏研究,利用工程心脏组织(EHT)研究微重力下心血管细胞和组织的变化;⑦航天服蒸发抑制飞行实验(SERFE)测试,SERFE 将使工程师能够确定微重力对热循环性能的影响,并评估航天服和相关技术在微重力环境下运行数百小时后的反应情况。

驻站期间,第 64 长期考察组共完成 6 次舱外活动。航天员为即将送抵的太阳能电池板升级安装了改装套件,同时完成了对国际空间站冷却系统和业余无线电系统的升级,此外,还封堵了星辰号服务舱过渡舱段的两条裂缝,但仍未能止住该舱段的空气泄漏。

国际空间站第 65 长期考察组的驻站时间同样为 184 天(2021 年 4 月 17 日—2021 年 10 月 16 日),该乘组的一个重要科学焦点是在太空中继续进行一系列的组织芯片研究,这些芯片可以比标准流程更快地识别出安全有效的治疗药物或疫苗。另一项重要任务则是通过安装国际空间站延展式太阳能电池阵(iROSA),最终使空间站的总可用电力从 160 kW 增加到 215 kW。还有一项新的科学研究项目是 CHIME,主要研究微重力下免疫反应受到抑制的可能原因,这项研究不仅有助于确定免疫系统功能失调的潜在原因,还能帮助找到预防或对抗免疫系统功能失调的方法。

驻站期间,第 65 长期考察组共完成 7 次舱外活动。俄罗斯航天员奥列格·诺维茨基和彼得·杜布罗夫的主要任务是为科学号多功能实验舱与空间站的对接及一体化做准备和连接工作。美国国家航空航天局(NASA)航天员肖恩·金布罗和欧洲航天局(ESA)航天员托马斯·佩斯凯则为国际空间站安装了两个约 18.3 m 长的新型太阳能电池板。9 月 12 日,日本航天员星出彰彦和 ESA 航天员托马斯·佩斯凯完成了 6 h54 min 的舱外活动,这是国际空间站首次由美国、俄罗斯以外的两个国家的航天员联合执行出舱任务。舱外活动期间,两名航天员顺利组装并安装了第三个太阳能电池板的固定支架,同时更换并开启了国际空间站系统电势测量系统。

国际空间站第 66 长期考察组于 2021 年 10 月 17 日开始驻站,2022 年 3 月 20 日结束。

(二)全球首个摄制组入驻国际空间站

2021 年 10 月 5 日,俄罗斯导演克利姆·希彭科和演员尤利娅·佩雷西尔德搭乘联盟 MS-19 载人飞船抵达国际空间站,这是世界上首个影片摄制组进驻空间站,他们的加入使驻站人数达到了 10 人。摄制组共在国际空间站停留了 12 天,并拍摄了全球首部太空电影《挑战》。

俄罗斯联邦生物医学署专家维亚切斯拉夫·罗戈日尼科夫表示,《挑战》摄制组成员在国际空间站 12 天飞行期间的身体状况要优于预期,两人对失重环境适应得非常好,返回后身体状况也十分良好。

(三)两名航天员将在国际空间站停留近一年

NASA 航天员马克·范德海和俄罗斯航天员彼得·杜布罗夫将在国际空间站考察任务的常规 6 个月停留时间外再延长 6 个月,直到 2022 年 3 月。

两人于 2021 年 4 月 9 日乘坐联盟 MS-18 飞船飞抵国际空间站。虽然 NASA 并没有给出确切的返回日期,但范德海在推特上表示,他预计将在太空停留约 353 天。这将打破之前美国航天员最长的航天飞行纪录——340 天,这一纪录是斯科特·凯利在 2015—2016 年执行国际空间站一年期任务时创造的。

二、航天员选拔与训练情况

(一)ESA 招募新一批航天员

ESA 于 2021 年 3 月开始招募新一批航天员,这是 13 余年来其首次发布招募航天员的公告。截至 6 月 18 日,共收到 22 589 份航天员申请,远远超过了在 2008 年上一轮航天员选拔中收到的 8 413 份申请。ESA 计划从这 2.2 万名申请者中挑选 4~6 名职业航天员,他们有可能进驻国际空间站并参与"阿尔忒弥斯"登月任务等。

本次航天员招募,还首次接受残疾人的申请,通过选拔后将加入"Parastronaut Fly"计划,寻求操作和技术上的解决方案,使残疾人能够执行航天任务——包括在国际空间站担任乘员。

(二)日本招募 13 年来第一批新航天员

为支持 NASA 领导的"阿尔忒弥斯"载人登月计划,日本 13 年来首次招募航天员候选人。日本宇宙航空研究开发机构(JAXA)于 2021 年 11 月公布招聘计划。JAXA 表示,强烈鼓励女性积极参与这项工作,因为该国目前的 7 名航天员都是男性。

JAXA 表示,将在 2021 年 12 月 20 日—2022 年 3 月 4 日接受申请。申请人将接受多项测试和面试——包括评估英语水平、领导能力、解决问题的能力以及向公众传达任务经验的能力。最终候选人预计于 2023 年 2 月公布。

截至 2021 年底,日本航天员共计 11 名,其中现役 7 人,平均年龄为 52 岁。

(三)美国宣布新一批预备航天员名单

2021 年 12 月 8 日,NASA 公布了从 1.2 万名报名者中遴选出的 10 名预备航天员名单。这些候选人是在 2020 年 3 月完成申请后被选中的。这批预备航天员将从 2022 年 1 月开始接受航天器系统、出舱活动技能、团队合作和其他必要技能方面的培训,为期约两年,未来将执行国际空间站任务或深空探索任务。

(四)俄罗斯预备航天员开展跳伞训练

2021 年 8 月,俄罗斯预备航天员亚历山大·科利亚宾、谢尔盖·捷捷里亚特尼科夫和阿鲁琼·基维良进行特殊跳伞训练。跳伞是航天员极端训练之一,极具风险,许多人必须从零开始——战胜恐惧心理,学会控制自己的身体,准确地完成教官布置的任务。这些都需要在心理和生理上付出努力。这种训练是加加林中心研究出的一种独特的训练方法,主要包括:在自由落体时,航天员必须执行额外的任务(报告他的行动,解答逻辑数学问题);在空中保持稳定的姿势;控制高度,并在指定高度打开降落伞罩;在控制降落伞的伞罩时,还必须继续执行其他任务,确定着陆轨迹并在指定地点着陆。

俄罗斯航天员的基础航天训练还包括离心机训练、隔音室训练、冬季森林沼泽地区两昼夜的野外生存训练、失重飞机训练等项目。2022 年起,俄罗斯航天员还将开展直升机训练,为未来登陆其他星球的任务做准备。

三、航天医学研究进展

(一)航天飞行期间人类细胞首次被感染

由于太空的特殊环境,航天员面临诸多健康挑战,其中包括感染性微生物可能会攻击航天员被抑制的免疫系统。亚利桑那州立大学针对人类细胞在航天飞行中感染肠道病原体鼠伤寒沙门氏菌的情况进行了研究。该研究结果对感染过程提出了新的见解,并给出了在航天飞行期间和地面普通环境下对抗侵入性病原体的新方法。新的研究发现,与地面对照组相比,航天飞行中人类细胞的 RNA 和蛋白质表达以及细菌细胞的 RNA 表达都发生了根本性的改变,航天飞行会增加感染性疾病的风险。

这一发现有助于更好地保护航天员的健康,也许可以通过使用营养补充剂或益生菌来对抗风险。在国际空间站和其他空间栖息地将持续进行这类研究,将进一步阐明与致病性感染有关的许多谜团以及它们所导致的人类疾病。

(二)NASA 成功展示 CRISPR/Cas9 基因组编辑

NASA 成功开发并展示了一种研究细胞如何修复太空中受损 DNA 的新方法,这标志着 CRISPR/Cas9 基因组编辑首次在太空成功进行,也标志着活细胞首次在太空成功转化。

这项技术是使用 CRISPR/Cas9 基因组编辑技术对 DNA 链产生精确的损伤,而不是通过辐射或其他原因造成的非特异性损伤,可以更详细地观察 DNA 修复机制。研究小组不仅成功地在极端环境中测试了 CRISPR 基因组编辑、PCR 和纳米孔测序等新技术,而且可以将它们整合到一个功能完整的生物技术工作流程中,适用于微重力下 DNA 修复和其他基本细胞过程的研究。

研究人员在国际空间站的酵母细胞中成功地证明了这种新方法的可行性,他们希望这项技术能够对太空中的 DNA 修复进行广泛研究。未来的研究还可以继续改进方法,更好地模拟电离辐射引起的复杂 DNA 损伤。该技术也可以作为研究与长期空间暴露和探索有关的众多其他分子生物学问题的基础。

(三)抗氧化应激调节可能有助于保护太空人体肌肉组织

筑波大学的研究发现,核因子 E2 相关因子 2(NRF2)有助于防止肌肉在低重力环境下萎缩。在微重力环境下,剔除 NRF2 基因的小鼠并没有比对照组小鼠失去更多的肌肉。然而,它们确实显示出纤维类型转变速度明显加快。除了肌肉成分的变化外,肌肉组织利用能量和营养的方式也发生了明显的变化。研究人员认为,NRF2 通过调节氧化和代谢反应,改变了航天飞行中骨骼肌的组成。

鉴于对 NRF2 的这一新发现,寻找针对这种蛋白质的治疗方法可能有助于防止航天员在航天飞行中的肌肉变化。以 NRF2 为靶点也可能是解决癌症等疾病或衰老过程中肌肉萎缩的一种有希望的途径。

(四)纳米颗粒对抗骨质丢失

2015 年,意大利在国际空间站启动“纳米颗粒与骨质疏松症”(NATO)科学实验。经过数年的实验,表明新型药物输送系统对促进干细胞成为成骨细胞具有积极作用,可用于对抗长期航天飞行中的骨骼退化,甚至在地球上治疗骨质疏松症。

被测试的系统由三个主要部分组成:输送方法(纳米颗粒)、生物整合物(羟基磷灰石)和作用于骨细胞的成分(锶)。纳米载体作为药物输送系统是一种非常有前途的疾病治疗途径。这种潜力主要是由于材料在纳米尺度下制备时获得的特殊性能。为了将纳米颗粒整合到骨骼中,NATO 团队使用了羟基磷灰石(一种天然矿物化合物)。这种羟基磷灰石化合物富含锶,锶是一种对骨骼健康有积极影响的金属离子。

(五)心肌萎缩研究可能防止长期航天飞行伤害

在许多情况下,心肌细胞对外界压力的反应方式与骨骼肌细胞不同。但根据辛辛那提儿童医院专家领导的一项新研究,在某些情况下,心脏和骨骼肌都可能以致命的速度萎缩。

这项基于小鼠模型的长期研究是努力预防甚至逆转心脏萎缩的一个重要里程碑,当人体大量减重或在太空经历长时间失重时,心脏萎缩可能导致致命的心力衰竭。这一新发现有助于解释为什么心脏也会受到肌肉萎缩的影响,也为预防或治疗这一问题提供了潜在的新方法。

(六)俄罗斯科学家用来自太空的骨组织进行移植实验

2021 年 6 月,俄罗斯科学家开始使用在太空通过 3D 打印获取的骨组织进行大鼠移植实

验。实验共使用 50 多只大鼠,并将其分成几组。科学家在部分大鼠的头骨上打了一个直径约 1.5 mm 的洞,接着给骨洞移植不同的材料:在太空或地球上获取的磷酸八钙,或者磷酸三钙。实验的一个最主要的目的是通过对比太空和地球的材料,研究如何在再生医学中使用。

(七)瑞士科学家在国际空间站培育人造人体器官

"太空 3D 类器官"(3D Organoids in Space)是苏黎世大学太空部门和空客公司的一个联合项目。2021 年 8 月,研究人员把不同年龄的两名女性和两名男性的组织干细胞送入国际空间站,以培育小型人造器官——类器官。这是在零重力条件下实现工业生产人体组织计划的第一步。

研究人员将使用具有不同生物变异性的细胞来测试他们的方法是否可靠。如果实验能够成功,这项技术将得到进一步完善并投入运营,这样就可以在太空获得解决方案并为地球上的人们改善生活质量。

(八)约克大学利用虚拟现实开展视觉定向研究

约克大学研究发现,大脑对视觉信息的反应可以改变一个人对重力方向的感知,在虚拟现实环境中,人们受视觉环境影响的程度有所不同。这种差异可以帮助人们更好地理解个体如何利用视觉信息解释所处的环境,以及在执行其他任务时所做出的反应;还可以更好地理解和预知航天员在特定情况下,尤其是在太空微重力环境下,为什么会错误估计移动的距离。

(九)克服航天员深空飞行"不归感"心理情绪

俄罗斯科学院生物医学问题研究所(IBMP)称,在深空星际飞行过程中,航天员很可能会产生抑郁和"不归感"的情绪,并且用传统方法无法排解。

研究人员利用虚拟现实系统可以让深空飞行航天员做些有趣且富有创造性的工作,该系统不仅可以再现某些真实场景,还可以创建"超自然"的情景,使整个飞行过程充满触觉和视听感觉享受。虚拟现实系统还可以针对个人心理特点进行单独治疗,能模拟人的工作和生活场景,这对突然远离地球的深空飞行航天员来说尤为重要。

(十)NASA 开发国际空间站任务辐射风险预测技术

NASA 的国际空间站医学监测研究发现,航天员的 DNA 暴露于地球辐射的敏感度,能够预测航天飞行期间其 DNA 的反应(通过染色体的变化衡量)。

研究人员在飞行任务前后研究了 43 位空间站乘员的血液样本,测量染色体因辐射和其他因素的变化。染色体的这些变化出现在一个人血液中极少数的单个细胞内。

这项研究包括三大关键测量阶段。航天员在飞往空间站前,研究人员检查了他们的血液细胞,以评估极限染色体状态,方便与任何未来变化进行对比。接着,将这些血液样本暴露于地球的伽马射线辐射中,以测量血细胞积累染色体变化的难易程度。随后,在航天员任务结束后,研究团队再次采集血液样本,评估染色体变化水平。最终,统计比较每位航天员在飞行前建立的相应背景水平与其飞行后变化水平。此外,研究人员还检查了变化水平的上升是否与年龄、性别或个人敏感性有关。

分析所有数据后,研究人员发现与地球上的普通人情况相似:①年长乘员的基线染色体不规律水平更高;②年长航天员的血细胞对染色体变化更敏感。

研究结果表明:①根据地面伽马辐射确定为具有更高敏感度的乘员,其飞行后血液样本中的染色体变化程度可能更高;②飞行前血液样本中基线染色体变化水平更高的乘员,往往对发生额外染色体变化敏感度更高。

如果年长的航天员对辐射的敏感度更高,那么他们出现染色体变化的风险也会越高。相较于年长的航天员,年轻的航天员更容易受到空间辐射暴露产生的长期健康后果的影响。部分原因是年轻航天员的剩余寿命更长,以致于因辐射暴露而患上癌症;通常在辐射暴露后需要5～20年或更久才会患上癌症。

基于这项新研究,研究人员建议应该更多地研究辐射暴露与年龄的关系。

(十一)植入式药物输送装置在国际空间站上远程运行

休斯敦卫理公会研究所正在开发下一代用于预防和治疗慢性病的植入式药物输送装置,该装置可远程操作,并自动将精确剂量的药物输送到患者体内的目标部位。新设备的可能用途是简化国际空间站上的啮齿动物研究。该设备可以允许更复杂的药物治疗方案,即使在广泛的航天员互动情况下也可执行,同时还能减轻动物的压力。

(十二)NASA 在轨测试新的辐射防护背心

NASA 正在国际空间站上测试一种太空辐射防护背心,测试航天员能否尽可能长时间地穿着该防护背心而不会感到疼痛或不适。

对于执行深空任务的航天员来说,高剂量辐射的太阳风暴是最大的威胁之一。新的防辐射背心使用柔软的聚乙烯材料,可以适合男性或女性身形,并可以为人体骨盆(大量骨髓可以吸收辐射)以及肺、乳房和卵巢等其他器官提供有针对性的保护,以使航天员在执行月球和火星任务时免受致命的太阳耀斑伤害。

(十三)加拿大在轨测试"智能背心"

加拿大的智能背心(Bio‐Monitor)提供了跟踪航天飞行期间航天员生命体征和生理变化的简单有效方法。这种服装可以通过非侵入性设备对关键健康指标进行长时间监测,测量心率、呼吸频率、血氧饱和度、体能活动和皮肤温度,并提供动脉收缩压的持续预估,帮助人们更好地了解航天飞行对人体的影响。

除了监测航天员在太空中的健康和体能活动外,这件背心还可以为他们的身体重新适应地球引力时出现的任何健康问题提供早期预警。

四、地面模拟试验开展情况

(一)全女性水床卧床实验研究在法国进行

2021 年 9 月,ESA 在梅德斯太空诊所(Medes space clinic)开展了为期 5 天的水床卧床实验,共有 20 名女性参加。这是干浸(dry immersion)研究项目的一部分,旨在再现航天飞行环境对人体的一些影响。

受试者躺在类似浴缸的容器中,容器的水面上固定了一层防水织物以保持受试者头部和手臂干燥。实验中,受试者能体验到一种"无支撑"的感觉,这与航天员在国际空间站上漂浮时的感觉一样。当水覆盖受试者胸部以上时,浸泡实验开始。受试者的双腿和躯干用棉质床单裹住,保持不动的状态,浸泡在水中。只有手臂和头部在防水布外,保持自由活动状态。受试者几乎24 h都仰卧在浸泡池中,头向下倾斜6°,以尽量减少体液转移。

这是国际上第二次由全女性受试者参与的干浸研究实验,也是欧洲的第一次。ESA决定启动该项研究,是为了解决科学数据中的性别差距。因为在该研究领域,几乎没有关于女性生理和心理影响的知识。全女性干浸研究将为之前在欧洲和俄罗斯开展的男性实验增加新的实验数据。

(二)俄罗斯开展月面出舱模拟试验

俄罗斯科学院生物医学问题研究所在4月中旬开展了为期两周的隔离试验,主要模拟未来航天员搭乘雄鹰飞船登月并出舱的飞行任务;共6名志愿者参加试验,包括4名男性和2名女性。

该试验的主要目的之一是研究复杂条件下人体适应的早期阶段。主要考察在拥挤环境下乘组的互动方式,以及在多大程度上影响他们的心理情感状态。其次,还将研究对免疫系统的非特异性作用。当一个人承受巨大压力时,能够观察到其免疫系统的变化,这些变化的原因尚不清楚,有可能是通过荷尔蒙的水平或者是对细胞的直接影响造成的,也可能是心理情绪压力通过神经内分泌机制引起的。第三,测试头盔和独一无二的悬吊系统,该悬吊系统可以模拟月球重力。未来该设备还将应用于长期隔离模拟试验,并计划用于开展月球和火星任务中行星表面出舱任务的训练。

(三)俄罗斯航天员参与"星座"模拟登月试验

10月,俄罗斯航天员奥列格·诺维茨基和亚历山大·米苏尔金一起参加了名为"星座"的模拟登月试验。该试验旨在研究未来载人登月以及探索其他星球时将要面临的任务。

该试验始于2013年,规模庞大。研究任务是比较航天员在参加航天飞行前以及返回地球后的最初时刻,其操作活动的质量有何差异。主要目的是考察在经过了长期的飞行后抵达/登陆某个星球时航天员的操作能力和绩效。该研究将用于未来星际探索任务航天员的训练中。

(四)在南极测试航天员的心理健康风险

长期航天飞行的航天员面临诸如隔离、封闭、缺乏隐私、白天-黑夜周期改变、生活单调和与家人分离等压力。为了更好地理解航天员面临的心理障碍,休斯敦大学开发了心理健康检查表(MHCL)。这是一种自我报告工具,用于监测隔离、封闭、极端(ICE)环境中的心理健康变化。研究小组利用MHCL研究了两个南极站的航天员心理变化。

休斯敦大学在南极沿海和内陆的观测站,用MHCL追踪了团队9个月的精神健康症状,包括最严酷的冬季。每月一次的评估也检查了投诉抗议抱怨的变化,压力的生物标志物(如皮质醇),以及不同情绪调节策略对增加或减少某些情绪的作用。研究结果还显示,当参与者在站的时间增加时,他们倾向于使用较少的有效策略来调节(即增加)积极情绪。

（五）"天狼星"–21 模拟试验在莫斯科启动

11 月，模拟登月飞行的"天狼星"–21（SIRIUS–21）国际隔离试验在莫斯科启动，乘组共有 6 人。SIRIUS–21 乘组需要在莫斯科的地面测试综合体——太空飞船模拟器中生活 240 天。在此期间，乘组必须"到达"月球，完成"绕月飞行"以找到着陆点，在月球表面"着陆"并返回。乘员将穿着专门为实验准备的带有虚拟现实元素头盔的航天服前往月球"表面"，收集土壤样本并操作月球车模型。

任务期间，乘组将进行 70 余项实验，涉及心理学、生理学、卫生学、微生物学、生物化学、免疫学等，研究结果将帮助科学家更多地了解隔离和封闭对人类心理、生理和团队动力的影响。在这次任务中，NASA 人体研究计划将整合并支持 8 个方面的研究，以便继续为"阿尔忒弥斯"重返月球任务、月球"门户"空间站之旅和火星长期任务做准备。

"天狼星"项目由俄罗斯科学院生物医学问题研究所、NASA、ESA、德国、法国、阿联酋等国的航天机构以及来自俄、美、德、法、意等国的专家共同开展。该项目包括一系列隔离试验。在 2017 年 11 月及 2018—2019 年已经分别进行了为期 17 天和 4 个月的试验。

（中国航天员科研训练中心）

2021 年国际空间站科学研究与应用发展综述

2020 年 10 月—2021 年 10 月,国际空间站(ISS)第 64～65 次长期考察任务在技术开发与验证、物理科学、生物学与生物技术、教育与文化活动、人体研究及地球与空间科学六大研究领域共开展 313 项科学研究实验。

一、科学研究与应用概况

表 1 为国际空间站第 64～65 次长期考察任务中美国国家航空航天局(NASA)、日本宇宙航空研究开发机构(JAXA)、欧洲航天局(ESA)和加拿大航天局(CSA)在六大研究领域支持开展的实验项目数及其中新实验的项数。由于俄罗斯国家航天集团未公布第 64～65 次长期考察任务实验数据,因此本次分析不包括俄罗斯支持开展的空间科学实验情况。

表 1 国际空间站第 64～65 次长期考察任务中各航天局在六大研究领域
支持开展的实验项数及其中新实验的项数

机构	领 域						
	技术开发与验证	物理科学	生物学与生物技术	教育和文化活动	人体研究	地球与空间科学	总 计
NASA	55(23)	49(16)	43(21)	22(13)	18(5)	13(4)	200(82)
JAXA	16(12)	8(1)	13(4)	7(5)	4(0)	6(2)	54(24)
ESA	12(8)	10(2)	5(4)	12(9)	12(2)	2(1)	53(26)
CSA	1(0)	0(—)	0(—)	1(1)	4(0)	0(—)	6(1)
总 计	84(43)	67(19)	61(29)	42(28)	38(7)	21(7)	313(133)

注:括号中为新实验项数。

在第 64～65 次长期考察任务开展的全部 313 项实验中,NASA 开展 200 项,其中技术实验最多,其次为物理和生物实验。JAXA 和 ESA 总实验数接近,JAXA 开展的技术和生物实验相对较多,ESA 开展的技术、人体研究、教育实验相对较多。CSA 开展的人体研究实验相对较多。在全部 313 项实验中有 133 项为新实验,其中 82 项由 NASA 开展,技术、生物和教育领域的新实验较多。

二、科学研究与应用进展

（一）技术开发与验证实验

1. 研究概况

技术开发与验证实验共计 84 项，其中 43 项为新实验，NASA、JAXA 和 ESA 分别支持开展了 23 项、12 项和 8 项新实验，小卫星及控制技术、机器人技术等研究方向的新实验最多。

2. 研究进展和新变化

NASA 支持开展了 6 项小卫星及控制技术新实验。"SEOPS 公司–硝烟"实验服务陆军需求，利用 3U 平台开展技术能力验证。Alpha 实验部署一颗 1U 立方体卫星，旨在验证用于太阳帆的高逆反射材料并在轨测试下一代芯片卫星的关键功能。"冷却、退火和指向卫星"实验发射一颗立方体卫星，对应变式可展开面板、主动热控制系统以及单光子雪崩探测器等开展验证。"通信工程领域高水平本科生科学计划"实验开发一种用于空间通信的专用开源天线，旨在验证基于 X 波段相控阵天线的空间对地通信。"哈利法大学学生卫星–2"是一颗 2U 的立方体卫星，利用数码相机拍摄指定的方向来评估姿态确定和控制子系统飞行软件的性能。"佐治亚理工学院系绳和测距任务"实验发射一颗 3U 立方体卫星，旨在测试基于硅光电倍增管的厘米级精度激光雷达系统，并研究系绳系统的动力学特性。

NASA 支持开展了 4 项机器人技术新实验。"自主机动的关联操作"实验使用 Astrobee 自由飞行机器人观测空间碎片的翻滚行为，测试多种算法。"卫星蜂群和机器人机动"实验通过测试多个 Astrobee 自由飞行机器人之间、机器人与货物之间以及机器人与运行环境的协调，验证自主在轨机器人服务能力。"自主自适应护理综合系统"实验使用国际空间站多种机器人验证在航天器中使用自主机器人跟踪航天器的健康状况，转移/拆开货物，并对泄漏和火灾等关键故障做出响应等。"纳米机架–GITAI S1 机械臂技术验证"实验测试机械臂在自主或远程操控下执行常见的航天员活动和任务的情况。

NASA 支持开展了 2 项生保系统和居住新实验。"备用粪便容器"实验验证软边容器收集和储存粪便沉积物的功能，希望开发出轻质、体积减小的废物管理系统。"四床二氧化碳洗涤器"实验对国际空间站当前使用的二氧化碳吸收系统进行机械升级。

NASA 支持开展了 2 项硬件新实验。"空间链 2.0"实验基于开源的软件及硬件包，验证地球和国际空间站之间开展区块链交易所需的硬件和软件。"红线风化层打印机"实验利用国际空间站上的空间制造设备在微重力下使用风化层原料开展 3D 打印研究。

NASA 支持开展了 2 项航天电子设备和软件新实验。"天基计算机–2"实验测试在无保护的空间极端环境中恢复或减轻计算机错误的技术。"空间开发板"实验收集国际空间站上开源硬件和消费级传感器的性能和可靠性数据，从而验证将单板计算机应用到现有和未来空间任务中的可行性。

NASA 支持开展的其他新实验包括：空气、水和表面监测新实验"红外有效载荷原型机"在红外波段对地球大气开展观测，验证红外场景合成和探测特定目标的算法。商业验证新实验"工业结晶设施"测试在空间环境中进行基于扩散的晶体生长装置，以在微重力条件下生产

高质量晶体。通信与导航新实验"纳米流体植入物通信实验"开展地球与国际空间站可植入式给药系统之间的远程通信,精确控制药物的释放。食品及服装系统新实验"用于骨骼健康的航天食品:维生素 D 强化骆驼奶配椰枣冰沙"测试微重力对由脱水骆驼奶、椰枣和维生素 D 制成的冰沙饮料的口感、营养和微生物特性的影响,旨在支持航天员骨骼健康并帮助改善健康状况。辐射测量和防护新实验"国际空间站上的混合电子辐射评估器"在国际空间站评估"混合电子辐射评估器"(Hera)辐射检测系统。维修及加工技术新实验"自主系统和运行"验证跑步机增强现实程序,确保航天员获得足够锻炼以保持健康。航天器内微生物群落新实验"波音环境响应抗菌涂层"测试微重力环境下涂层在多种不同材料上的表现及对抗微生物的特性。

JAXA 支持开展了 6 项小卫星及控制技术新实验。"小鸟-4"是 3 个 1U 立方体卫星组成的星座项目,旨在测试商用现货元件以及钙钛矿太阳能电池和利用卫星结构的天线等新技术。"小鸟-2S"实验发射菲律宾首批由大学建造的两颗立方体卫星,旨在开展对地观测、测试卫星所在位置地球磁场、业余无线电中继、为地面站提供卫星在轨位置等任务。RSP-01 实验发射一颗 1U 立方体卫星,通过拍摄高清图像并传回地球以及自主响应来自地面控制中心的文本消息来验证卫星的自主运行能力。MMSAT-1 实验发射缅甸首颗 50 kg 级微卫星,旨在对地球表面进行高精度成像,利用超多色相机在多个波段监测地面和森林区域并通过卫星图像监测自然灾害。"大阪府立大学卫星-2"是一个 2U 的立方体卫星,将开展业余无线电波段高速数据传输,部署并评估一种二维展开结构。WARP-01 是一个 1U 的立方体卫星,将验证新型卫星总线组件,采集地球和空间图像,测量空间辐射环境和无线电环境。

JAXA 支持开展的其他新实验如下。2 项航天器材料新实验分别是:"暴露实验扶手连接结构-空间皮肤"实验测试将电子器件和传感功能集成到纺织品中的电子织物技术;"暴露实验扶手连接结构-天线金属网"测试铜锆天线金属网暴露于空间环境下的耐久性。商业验证新实验"用于舱内航天服的拍摄装置"测试市售服装在空间中的舒适度和性能,基于航天员的反馈验证对现有舱内航天服设计的改进。维修及加工技术新实验"暴露实验扶手连接结构-光盘空间暴露实验项目"测试光盘暴露于空间环境下的耐久性,将送返地面验证存储数据是否仍能读出。机器人技术新实验"空间绳系自主机器人卫星-立方体卫星电梯"包括 3 个独立的 1U 立方体卫星,两个卫星由刚性胶带系绳相连,另一个贯穿在系绳上并可来回移动,实验数据用于分析微型电梯的性能。航天器及轨道环境新实验"CUAVA-1 遥感和对地观测探路者卫星"发射 1 颗 3U 立方体卫星,以观测地球、恒星及其他天体,研究地球等离子体环境及空间天气。

ESA 支持开展的新实验如下。2 项生保系统和居住新实验分别是:"沉浸式演练"实验测试为国际空间站自行车锻炼课程开发的专用虚拟现实环境,以提高航天员日常锻炼的积极性和训练过程中的满意度和愉悦感;"迷你体温计"实验验证一种通过计算头部或胸部的热通量来测量核心体温的新设备。"超声波镊子"实验测试在微重力环境中远程和非接触式操作材料。食品及服装系统新实验"先进航天食品系统"测试一种具备选择打浆和精细混合能力的原型食品加工设备。成像技术新实验"视网膜诊断研究"利用商用眼科镜片捕捉航天员视网膜图像,以检测航天员的常见视网膜病变。航天器内微生物群落新实验"接触表面"对量身定做的纳米结构抗菌表面进行测试。辐射测量和防护新实验"光纤有源剂量计"利用有源光纤剂量计实时监测接受的辐射剂量。机器人技术新实验"飞行员"使用虚拟现实和基于触觉的新型人机界面,测试用于远程操作机械臂和空间飞行器的新型控制方案的有效性。

此外,"机器人加注任务-3"等 41 项实验继续开展。

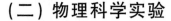

（二）物理科学实验

1. 研究概况

物理科学实验共计 67 项，其中新实验 19 项，NASA、ESA 和 JAXA 分别支持开展了 16 项、2 项和 1 项新实验，材料科学和流体物理研究方向的新实验最多。

2. 研究进展和新变化

NASA 支持开展了 9 项材料科学新实验。"国际空间站材料实验-14-NASA"实验开展离轨材料、相变材料、辐射防护材料以及 11 种作物种子的空间环境暴露研究。"国际空间站材料实验-15-NASA"实验开展混凝土、航天器材料、玻璃纤维复合材料、薄膜太阳能电池、辐射防护材料等的空间环境暴露研究。"国际空间站材料实验-15-商业"实验开展微型光学芯片、涂层、3D 打印聚合物、纳米金属和纳米陶瓷等的空间环境暴露研究。"轨道空气动力学研究卫星"是一个 3U 的立方体卫星，研究空气动力学和气体-表面相互作用等，助力低阻力材料研究。"空间飞行中多种生物膜生长和控制"实验探索生物膜的形成、银基消毒方法抑制生物膜的有效性、混合生物膜对不锈钢的腐蚀作用等。"熔融和凝固过程中的枝晶破碎和形貌"实验研究温度变化和起始枝晶形状对受控微重力环境下的枝晶粗化和碎裂的影响。"密封安剖瓶中利用挡板的凝固实验-铝合金的空间钎焊"实验研究微重力下钎焊合金凝固过程中毛细流动、界面相互作用和气泡形成的差异。"超级玻璃"实验利用静电悬浮炉研究和测量高温氧化物熔体的密度、黏度等热物理性质，用于未来新型材料设计。"基于蛋白质制造人工视网膜"实验评估微重力下细菌视紫红质制造系统的性能。

NASA 支持开展了 6 项流体物理新实验。"微重力下的冻干法-2"实验研究重力对海藻糖和甘露醇冻干材料的影响，有望改进制药等行业的冻干工艺。"纳米结构表面气泡动力学的光学成像"实验研究空间环境下的热气泡，有望用于生物传感等领域。"植物水管理-3 和-4"实验利用表面张力、润湿和系统几何形状等代替重力作用，实现对植物生长系统中流体输送和吸收的被动控制。"胶体乳剂的顺磁性聚集结构研究-4"实验在空间环境中利用磁场组装胶体，将为先进功能纳米材料制造提供新见解。"肯塔基大学再入探测实验"在天鹅座飞船再入过程中释放 3 个密封舱，测试一种低成本的再入实验技术。"流动沸腾和冷凝实验"验证流动沸腾临界热流模型，并为国际空间站开发一个集成的两相流沸腾和冷凝设施。

NASA 支持开展的燃烧科学新实验"气体冷焰研究"观察采用丙烷、正丁烷和乙烷燃料的球形冷扩散火焰的化学反应，验证冷焰模型，改进对地面燃烧和火灾的理解。

ESA 支持开展了 2 项材料科学新实验。"透明合金-METCOMP"实验利用新戊二醇-三羟甲基氨基甲烷有机透明模型系统原位观察包晶合金系统层状结构随时间的形成过程。"电磁悬浮炉-批次 3-钢连铸冷激冷却"实验利用电磁悬浮炉处理铁与碳、锰、硅、铬、钼等组成的合金样品，模拟连铸产品外表面的凝固过程。

JAXA 支持开展的材料科学新实验"电磁悬浮炉-快堆严重事故分析用控制棒共晶熔化材料的热物理特性"首次采集模拟碳化硼和不锈钢混合物熔化行为的材料的热物理性能数据，用于钠冷快堆严重事故情景模型分析。

此外，"冷原子实验室-玻色-爱因斯坦凝聚气泡动力学"等 48 项实验继续开展。

（三）生物学与生物技术实验

1. 研究概况

生物学与生物技术实验共计 61 项,其中新实验有 29 项。NASA、JAXA 和 ESA 分别支持开展了 21 项、4 项和 4 项新实验。

2. 研究进展和新变化

NASA 支持开展了 5 项植物生物学实验。"高等植物实验-07"实验研究重力和空间飞行其他相关环境因素如何在基因表达水平上影响植物。"高等植物实验-08"实验研究野生型和突变型拟南芥在微重力环境下的生长发育能力以及表达不同应激反应基因的能力。"在轨栽培改良棉花"实验研究微重力条件下环境因素和基因如何控制棉花根的发育,以及根系结构如何影响幼苗的抗逆性、水分利用效率和碳封存。"罐中生物学研究-24"实验用荧光标记法研究空间环境如何影响植物细胞中的细胞器接触和液泡融合。"植物栖息地-04-先进植物栖息地能力技术展示"实验种植一种辣椒并对其开展微生物分析,以提高对植物-微生物相互作用的理解,并评估生长环境和栽培技术对风味、质地的影响。

NASA 支持开展了 5 项细胞生物学新实验。WetLab-2 Blaber 实验研究微重力下 CDKN1a/p21 对间充质干细胞增殖、分化和再生的影响,揭示微重力对空间站培养的小鼠骨髓干细胞的影响。"微重力下人体肌肉收缩反应"实验利用年轻人和老年人细胞肌肉纤维的三维模型或组织芯片研究微重力下与年龄相关的肌肉功能变化。"肾细胞02-微重力对近端和远端小管 MPS 结构和功能的影响"实验使用 3D 肾细胞模型或芯片研究微重力对肾小管中微晶形成的影响,从而评估对近端和远端小管 MPS 结构和功能的影响。"工程肌肉组织作为研究肌肉减少症的新平台"实验使用胶原蛋白支架上的人类肌肉细胞来模拟肌肉纤维,利用微重力条件下肌肉加速消失的特点为药物试验提供研究平台。"微重力对工程心脏组织中药物反应的影响"实验使用工程心脏组织,在细胞和组织水平研究重力变化对心血管细胞的影响。

NASA 支持开展了 5 项动物生物学实验。"细胞科学-04"实验表征水熊虫在空间中短期和多代生存的分子生物学特征,识别水熊虫适应并在强逆境环境中生存所需的基因。"微重力对动物-微生物相互作用的影响"实验利用短尾乌贼与其共生细菌弧菌之间的简化共生关系,研究空间飞行对动物宿主-有益微生物之间分子和化学相互作用的影响。"微-16-空间飞行中的线虫肌肉力量测定"实验开发了一种用于多代空间饲养的秀丽隐杆线虫肌肉力量测定装置,开展对肌肉力量数据与空间飞行肌肉蛋白基因表达分析结果的关联分析。"啮齿动物研究-10"实验通过转基因 CDKN1a/p21 缺失小鼠揭示 CDKN1a/p21 通路在微重力诱导的骨组织再生停滞中的作用。"啮齿动物研究-验证1"实验旨在验证与伤口愈合过程相关的手术设备。

NASA 支持开展了 3 项微生物学新实验。"国际空间站微重力下葡萄汁发酵"实验通过观察微重力条件下葡萄汁的完整发酵过程,测量相关微生物的物理和遗传差异。"国际空间站环境的三维微生物监测"实验使用 DNA 测序和其他分析方法构建整个空间站细菌和细菌产物的三维地图。"微生物跟踪-3-国际空间站细菌真菌致病性和抗生素耐药性的量化选择"实验,旨在对致病性、抗生素耐药性进行识别、分析、表征,并开展基因组学研究。

NASA 支持开展了 2 项疫苗开发新实验。"仙女座计划"实验评估微重力下利用 MDCK

细胞培养减毒流感病毒的效果。"重力对成年人和老年人免疫功能的影响"实验使用不同年龄人群外周血单核细胞评估重力对功能性免疫反应的影响,以期发现新的免疫途径。

NASA 开展的大分子晶体生长新实验"国际空间站第二阶段实时蛋白质晶体生长"旨在验证在微重力下生产高质量蛋白质晶体的新方法。

JAXA 支持开展了 3 项细胞生物学新实验。"利用微重力环境开发先进三维器官培养系统"实验利用先进三维器官培养系统生长器官芽并分析基因表达的变化。"微重力诱导的肌肉萎缩抑制剂"实验研究新概念生物材料、HSP 诱导剂和泛素连接酶抑制剂等对微重力诱导的肌肉萎缩的抑制作用。"空间环境对精原干细胞生育力的影响"实验在国际空间站冷冻并培养小鼠精原干细胞,返回地球后使其产生后代并开展分析。此外,动物生物学新实验"空间微重力环境下哺乳动物早期胚胎发生"研究哺乳动物胚胎在微重力下的发育潜力。

ESA 支持开展了 3 项微生物学新实验。"轮虫 B2"实验研究微重力条件下轮虫如何进行 DNA 修复,评估修复后轮虫的存活率、生育率和基因组结构。"行星生物采矿"实验研究重力对液体介质中微生物与岩石相互作用的影响,为生物采矿、生命支持系统等提供基础知识。"免疫细胞活化"实验旨在了解微重力环境是否对免疫细胞和黑色素瘤细胞与磁性纳米颗粒的结合产生影响。此外,动物生物学新实验"肌肉分子实验-2"研究提高细胞能量效率、肌肉效率的药物是否可以用于改善秀丽隐杆线虫在空间飞行中的健康状况。

此外,"啮齿动物研究-19"等 32 项实验继续开展。

(四)教育和文化活动实验

1. 研究概况

教育和文化活动实验共计 42 项,其中 28 项为新实验。

2. 研究进展和新变化

NASA 支持开展了 13 项新实验,涉及对比空间和地面教室生长的动植物,在轨 3D 打印,空间环境对神经退行性疾病、航天员营养、药物有效性、免疫系统反应等影响,可能作为空间食品的生物,微重力对各类材料和结构、各种生物的影响等丰富内容。

ESA 支持开展了 9 项新实验,涉及颗粒材料阻尼效应研究,研究不同形状的物体围绕中间轴旋转的状态,观察黏菌,暴露欧洲野花种子,在轨培育万寿菊,利用小型的人体冠状动脉模型研究血流等丰富内容。

JAXA 支持开展了 5 项新活动,包括在轨航天员参加论坛高端对话、拍摄纪念视频和空间食品等。

CSA 支持开展了 1 项新实验,将送入空间的 120 万颗番茄种子送返地面并分发给学生们,与未曾送入空间的种子开展种植对比。

此外,"空间中的基因-6"等 14 项实验继续开展。

(五)人体研究实验

1. 研究概况

人体研究实验共计 38 项,其中新实验有 7 项。

2. 研究进展和新变化

NASA 支持开展了 5 项新实验。2 项骨骼与肌肉生理学新实验分别是："减轻关节炎依赖性炎症-第一阶段"实验,评估微重力和空间辐射如何影响骨组织的生成,研究生物胶原蛋白和生物活性代谢物在空间飞行中的潜在保护作用;"基于多功能可变重力平台的软骨-骨-滑膜微生理系统研究",利用该平台开发生物模型,研究空间飞行对肌肉骨骼疾病的影响。航天员医疗系统新实验"血白细胞计数和分类技术验证"实验,在微重力下利用商用设备实现对白细胞的快速计数和分类,以验证在空间站进行血液分析和开展自主医疗的能力。人体微生物组新实验"空间环境应激源对口腔生物膜生长和治疗的影响",研究重力对口腔细菌行为的影响,帮助对微重力如何影响身体其他粘膜表面微生物群落的了解。免疫系统新实验"表征微重力环境下的人体免疫缺陷",分析微重力是否能破坏免疫细胞分化的某些途径,深入了解可能对抗由微重力引起的免疫缺陷的方法。

ESA 支持开展了 2 项新实验。骨骼与肌肉生理学新实验"肌肉电刺激改善空间任务中的锻炼效果",旨在评估具备全身肌电刺激功能的可穿戴紧身衣对空间飞行前后航天员锻炼效果的改善情况。人类行为和绩效新实验——"在空间中使用干式脑电图头带开展睡眠监测",旨在开发基于干式脑电图头带的有效、经济、舒适解决方案,以监测长期空间飞行任务期间航天员的睡眠。

此外,"空间环境加速血管老化:失重、营养和辐射的作用"等 31 项实验继续开展。

(六)地球与空间科学实验

1. 研究概况

地球与空间科学领域共开展了 21 项实验,其中 7 项为新实验。

2. 研究进展和新变化

NASA 支持开展了 4 项新实验。2 项对地观测新实验分别是:"考察森林干扰的教育立方体卫星任务"利用卫星搭载的多光谱和近红外相机研究火灾等大规模干扰对森林的影响;"海狸立方体"是一个 3U 的立方体卫星,利用多个相机拍摄地球海洋的彩色图片,探测云顶和海洋表面的温度。日球层物理新实验"用于离子中性研究的电离层热层扫描光度计"对地球电离层开展二维层析成像,增进对电离层不同区域和不同扰动水平下的垂直和水平结构的了解。天体物理学新实验"波多黎各立方体卫星纳米岩石-2"通过拍摄机械振动装置内的粒子,研究低能粒子碰撞,为原行星盘和行星环等的形成研究提供相关数据。

JAXA 支持开展了 2 项新实验。天体生物学新实验"暴露实验扶手连接结构-宇宙生物学-日本-3"对 3 种样本开展为期一年的暴露实验,并送返地面进行分析:①研究脱氮细菌的锰含量对其暴露于太空环境后的存活率和细胞损伤的影响;②对比白米和紫米种子,研究花青素对保持种子活性和 mRNA 稳定性的作用;③研究蓝藻、苔藓等是否能够在火星风化层成分中生长。对地观测新实验"特拉维夫大学卫星-1"是一个 2U 的立方体卫星,旨在监测近地轨道中的高能粒子和其他分子化合物,绘制空间天气地图。

ESA 支持开展了 1 项天体生物学新实验。"ESA -生物膜"实验比较在不同重力条件下、不同金属表面不同细菌生物膜的形成和抗菌性能,研究数据将为未来探索任务的抗菌材料选择提供参考。

此外，"阿尔法磁谱仪-02""在轨碳观测台-3"等 14 项实验继续开展。

三、结束语

20 余岁的国际空间站当前正处于空间科研与应用的稳定高峰期，2021 年开展的实验规模依旧超过 300 项，且新实验占比超过 4 成，科研创新活动仍很活跃。通过对 2021 年国际空间站在六大研究领域的科研应用活动的全面回溯，可为空间站科研应用规划提供参考。

（中国科学院科技战略咨询研究院）

2021 年国外载人航天发射场发展综述

2021 年,美国国家航空航天局(NASA)在肯尼迪航天中心完成了航天发射系统(SLS)火箭与猎户座飞船的整体组装,并针对 2022 年"阿尔忒弥斯-1"任务进行一系列系统匹配测试;俄罗斯东方航天发射场第二阶段建造工程全面推进安加拉火箭发射工位施工,以及超重型火箭发射工位的方案规划;SpaceX 公司继续增扩建发射场(发射工位);波音公司联合 NASA 进行星际客船载人飞船返回硬着陆与搜救演练。

一、肯尼迪航天中心开展 SLS 火箭与猎户座飞船部件的研制、组装与测试

(一)完成"阿尔忒弥斯-1"火箭与飞船整体组装,针对 2022 年的发射进行系统认证与匹配测试

2021 年,NASA 探索地面系统项目部及其主承包商——Jacobs 公司在肯尼迪航天中心接收了"阿尔忒弥斯-1"任务 SLS 火箭和猎户座飞船的所有部件,并开展了相应的一系列组装、测试与发射前准备工作。

1. 采用猎户座飞船模拟器进行登月任务培训

NASA 在 1 月初安装了洛克希德·马丁公司研制的猎户座飞船模拟器,用于培训航天员操纵飞船。基于虚拟现实和计算机仿真技术的进步,该模拟器能显示出地球、太空和月球以及发射逃逸模式下返回地面等各种场景,可使航天员像漂浮在失重状态下进行各项操作那样进行站立性演练。

2. 完成猎户座飞船的全部组装

面对恶劣天气中断、新冠肺炎疫情全球蔓延以及硬件设计、生产和测试过程中的各种技术挑战,NASA 和洛克希德·马丁公司最终完成了猎户座飞船的整体组装,并于 1 月 16 日将全部组装后的猎户座飞船从尼尔·阿姆斯特朗操作与检测厂房送入有效载荷处理厂房,以开展后续的推进剂加注、安装发射逃逸系统(LAS)以及诸如氨、氢、氮等自耗燃料的加注。

3. SLS 火箭过渡低温推进上面级移入有效载荷操作厂房

波音公司和联合发射联盟于 2 月 18 日将 SLS 火箭过渡低温推进上面级移入有效载荷操作厂房,由探索地面系统部及 Jacobs 公司进行上面级和猎户座飞船的燃料加注与维护,然后再将过渡低温推进上面级移入垂直总装厂房,进行与 SLS 火箭的对接组装。

4. 完成 SLS 固体助推器的全部安装

探索地面系统部 3 月 3 日在垂直总装厂房 3 号高跨间内完成 SLS 火箭固体助推器的全

部组装,这是在活动发射平台上安装的首批部件。在等待 SLS 火箭主芯级运抵肯尼迪航天中心之前,技术团队将继续完成固体助推器的电子仪器、火工品安装,并进行系统测试。在 SLS 火箭主芯级运抵肯尼迪航天中心后,技术团队首先将其运入垂直总装厂房,然后安装到活动发射平台上,以开展后续的主芯级与固体助推器的对接装配以及过渡低温推进级和猎户座飞船的安装。

5. 完成新一代发射指挥控制系统认证

NASA 在 4 月初完成了针对"阿尔忒弥斯-1"任务发射 SLS 火箭与猎户座飞船所用的新一代发射指挥控制系统——航天发射场指挥与控制系统(SCCS)认证,这意味该系统的设计研发工作正式结束,也意味着启动了该系统进入面向"阿尔忒弥斯-1"任务的运用阶段。航天发射场指挥与控制系统是兼容多种火箭发射协议要求的全新指挥控制系统,是发射控制团队在 SLS 火箭、过渡低温推进级、猎户座飞船、地面系统及发射控制中心 1♯、2♯点火控制间进行数据信息交互传输的神经中枢。

6. 进行 SLS 火箭综合模态试验

探索地面系统项目部、Jacobs 公司和马歇尔航天飞行中心 8 月下旬在垂直总装厂房的 3 号高跨间,对在活动发射平台上组装后的 SLS 火箭进行为期数天、每天 10 h 的综合模态试验,以确定振动的不同模式,这对火箭和飞船能安全穿越大气层进入太空是很重要的。测试对象包括固体火箭助推器、主芯级、过渡低温推进级、猎户座飞船芯级适配器结构测试部件以及飞船质量模拟器。试验团队在火箭和活动发射平台周围安装了约 300 个传感器,用于检测、记录和传输有关数据,每轮测试结束后进行数据分析,并对下次测试做出相应调整。

7. 猎户座飞船溅落与搜救回收团队通过任务资格认证

NASA 联合国防部于 11 月 2—8 日在太平洋海域顺利完成了第 9 次猎户座飞船溅落回收与搜救试验(URT-9),通过约翰·穆萨两栖运输舰(LPD-26)完成了整个"阿尔忒弥斯-1"任务的任务剖面测试,包括回收团队、硬件和操作规程。来自国防部爆炸品处理远征支援分队的海军潜水员团队首先通过约翰·穆萨两栖运输舰上的吊车将 5 艘小船放置到海面,待猎户座飞船模型放置到海面上后,该团队开始按照操作规程进行安全、快速的飞船回收。潜水员乘坐 5 艘小船抵临飞船后,环绕飞船四周以检测船体是否排放危险化学物质,同时寻找是否存在由于快速返回大气层时导致的任何烧蚀点。在确认飞船处于可靠近的安全状态后,16～20 名潜水员跳入水中,将稳定设备系留到飞船上以保持船体的稳定。然后开始安装锚固装置和系绳组件,准备将飞船拖曳到约翰·穆萨两栖运输舰的甲板上。

URT-9 是"阿尔忒弥斯-1"任务实施前的最后一次海域回收与搜救试验,由此通过了着陆与回收团队为"阿尔忒弥斯-1"任务回收猎户座飞船的资格认证。

8. 为 SLS 和猎户座组装后的首次发射台行驶测试做准备

NASA 于 11 月中旬宣布,计划在 2021 年冬季通过 2 号履带运输车将该组合体首次从垂直总装厂房运往 39B 发射台,进行为期一周的系统匹配性模拟测试。在实施这项测试前,还将进行一些其他测试,包括接口确认测试、专项工程性测试、端对端通信测试、倒计时程序测试以及加注合练测试等,每项测试都是首次对 SLS 火箭和猎户座飞船组合体进行的系统匹配性评估。完成在发射台的各项测试后,将 SLS 火箭和猎户座飞船返回垂直总装厂房,进行发射前的最后系统检测,包括飞行中止系统的第二段检测。

9. 进行发射倒计时程序模拟测试

NASA 及承包商组成的技术团队 12 月 13 日在发射控制中心 1 号点火操作间内实施了一次联合倒计时程序和上升段模拟测试,进行地面发射软件和地面发射程序的演示验证,检测位于发射台上的火箭与飞船组合体的健康状态,测试火箭与飞船的响应能力,确保倒计时程序运行无任何障碍。该次测试是对发射团队具备发射准备能力的认证,同时也是针对"阿尔忒弥斯‒1"任务的第 10 次低温加注模拟和第 12 次倒计时程序模拟。

肯尼迪航天中心、约翰逊航天中心、马歇尔航天飞行中心的 NASA 发射团队联合卡纳维拉尔角太空军第 45 航天发射三角洲联队以及设计研制承包商,组建了数十人的测试团队,此外美国和欧洲的通信网络系统也参与了该次联合模拟测试,旨在尽可能真实地模拟发射日当天的实际情况,以使各个任务团队做好发射火箭与飞船的准备。该联合模拟测试针对火箭低温推进剂加注至发射流程的各项操作,并特意增设了若干个问题,以供测试团队发现与解决。通过此次测试,旨在使主要发射团队成员通过认证,具备执行发射点火操作功能所需的技能和知识。

(二) 继续进行"阿尔忒弥斯‒2"及之后任务的火箭与飞船部件研制与测试及设施改造

在陆续开展"阿尔忒弥斯‒1"任务准备工作的同时,探索地面系统部针对"阿尔忒弥斯‒2"之后的任务开展地面设施设备的升级。

1. 更换操作与检测厂房内的新吊车

美国吊车与设备公司根据肯尼迪航天中心现代化改造以及后续"阿尔忒弥斯‒2"载人任务的要求,从 3 月 10 日起为尼尔·阿姆斯特朗操作与检测厂房的高跨间更换和安装起吊能力更大、控制可靠性更强的新式吊车。

新式吊车的起吊重量为 30 t,其强化的控制能力和增补的安全特性使其能在 2.54×10^{-4} m(百分之一英寸)的范围内进行微移动,其精确度与操作能力可在航天器组装和真空舱室测试过程中保证航天器的重量。此外,NASA 重新启用操作与检测厂房的西侧真空舱室,模拟飞船在 76.2 km 高度的真空环境并加以测试,以确保飞船在太空中不会出现泄漏现象,同时对乘员舱的环境控制与生命保障系统进行验证。

2. 进行新水喷淋系统样机测试

3 月 24 日,探索地面系统项目部联合 Jacobs 公司对用于保护活动发射平台和 SLS 火箭的新发射台水喷淋系统进行样机测试。虽然探索地面系统项目部针对"阿尔忒弥斯‒1"任务已在活动发射平台上安装了经改进的大型水喷嘴,但他们仍认为该系统有一定的改进空间。新型水喷淋系统使用了由 3D 技术打印的小尺寸喷嘴,测试团队通过对新型水喷淋系统样机进行不同压力条件下的运行,模拟每个水喷嘴在发射日当天面向活动发射平台时的工作状态,从而能更好地了解和掌握全尺寸水喷淋系统的运行机制。

水喷淋系统样机测试和相关数据采集的顺利完成,可使技术团队更好地分析研究后续水喷淋模式,为设计研制全尺寸的水喷淋硬件提供参考,从而使水量分配更加均衡,运行性能更加优化。后续工作是将系统硬件安装在活动发射平台以开展相应的验证与确认测试,确保整个系统能在实施"阿尔忒弥斯‒2"载人绕月任务前完成全尺寸新系统的研制,安装在发射台上

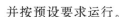
并按预设要求运行。

3. 完成 39B 发射工位气态氦管路系统升级

气态氦管路系统的升级改进包括氦气生产厂内的大型泵站、液态氦储罐。此外，还包括对航天飞机时期所用的高、低压供气系统的改进。通过这些升级，为未来 SLS 火箭发射和商业飞行任务所需的气态氦提供更高的可靠性和冗余力。

其他升级事项还包括 39B 发射工位的乘员紧急逃生系统、增加 328 个照明灯、新增建用于减少任务周期时间的液氧储罐，以及进行乘员舱、乘员舱适配器、热防护罩和发射逃逸系统等部件的装配。此外，还将"阿尔忒弥斯-2"所用的过渡低温推进级运抵肯尼迪航天中心。

（三）其他配套保障设施的升级与建造

除了针对"阿尔忒弥斯"任务中 SLS 火箭和猎户座飞船的发射与飞行实施的各类地面发射设施设备的升级改进外，NASA 和佛罗里达州还对肯尼迪航天中心内的其他配套保障设施进行了完善。

1. 利用太阳能设施提供场区电力保障

由于肯尼迪航天中心的许多地面设施设备每天运行要耗用大量能源，其节能与节水项目部一直在寻求各种能节约资源、降低公共设施成本、减少能源与水需求的措施，其中一项就是利用太阳能为各类设施设备提供能源保障。

肯尼迪航天中心内有一些厂房非常适宜利用太阳能，其中最满足使用条件的厂房是电气维修厂房。该厂房的太阳能板安装于 2019 年 8 月，并仅在 6 个月之后的 2020 年 2 月就投入运行。电气维修厂房目前被认定为一项"净正值"型设施，即产能大于耗能。这些太阳能电池板除了能降低肯尼迪航天中心的电力成本外，还有助于减少大气排放。

2. 研制完成专用的医疗/救护设备

生物医学工程与研究实验室完成了专门针对商业乘员计划和"阿尔忒弥斯"载人重返月球计划所用的医疗与救护设备的研制，包括救护车和空运救治直升机，以此在出现发射台异常情况时确保乘员的安全。

3. 完成首次从美国本土向国际空间站运送航天员的医疗保障

肯尼迪航天中心航空航天医疗与职业健康部及其承包商完成了自航天飞机退役以来首次从美国本土向国际空间站运送航天员的医疗保障任务，包括季度性医疗与隔离期检测（含新冠肺炎疫情筛选）、生物医学控制运行以及为每次发射提供的场区应急医疗服务保障。

4. 完成太阳能能源中心的调试

佛罗里达州电力与照明公司完成"发现号"太阳能能源中心的调试。该中心设在肯尼迪航天中心场区内，占地面积约 1.99 km²，安装有约 25 万块太阳能电池板，属于 74.5 MW 级的光伏设施，能通过该公司的电网向佛罗里达州内约 15 000 个家庭输送电力。该项目是肯尼迪航天中心总体发展规划中针对可再生能源利用方面多年努力的成果。

此外，该公司还完成了合同项下第一阶段的设计与运行可行性论证。该项目耗用资金约 1 860 万美元，将开展制订节能措施、升级改造节能设施、整改耗能系统、增设太阳能设施以及提高系统控制等各项工作，以期每年节省约 140 万美元，并在 15 年内实现增效目标。

5. 开展各项促进生态良好发展的环境评估

为了更好地促进航天发射活动与自然生态间的有效平衡,NASA 按照美国《国家环境政策法》的要求,对肯尼迪航天中心场区开展不同类型的环境评估。除了针对 SpaceX 公司申建 49 号发射工位的环境评估外,该局目前还开展了印第安河桥改建、肯尼迪航天中心游客中心扩建、新建 48 号小型火箭发射场以及探索公园建设和发射与着陆厂房改建等多个项目的评估。此外,肯尼迪航天中心的环境技术团队还于 2021 年 11 月提出了印第安河环礁健康发展倡议,以改进所在区域的生态环境。

二、俄罗斯加大东方航天发射场二期建造与使用力度,以全面提升航天领域的话语权

（一）普京总统时隔两年再次视察发射场

普京总统 9 月 2 日在东部经济论坛上表示,俄罗斯拟让外国合作伙伴参与东方航天发射场的建设发展,并指出该发射场实质是一座民用性航天中心。时隔两年后,他于 9 月 3 日再次到阿穆尔州,对东方航天发射场进行视察并了解发射场二期建设进展。

俄罗斯国家航天集团在向普京汇报时表示,东方航天发射场第二阶段针对安加拉－A5 火箭的建造工程将于 2022 年底全部按时交付使用,但其中仍有一项地面设施目前因天气原因滞后于整体进度。

（二）安加拉火箭发射工位的技术设计方案获得批准

俄罗斯国家航天集团和国防部批准通过了针对安加拉火箭发射工位的技术设计方案,包括发射工位的技术外观以及包含结构、流程、工艺在内的主要原则性解决方案。未来拟发射的安加拉火箭型号包括安加拉－A5 和安加拉－A5M 两种。安加拉火箭发射工位的验收工作将由俄罗斯国家航天集团和国防部的专家共同实施。

根据俄罗斯国家采购网发布的文件显示,俄罗斯国家航天集团计划增加 709 万美元修改已获批准的安加拉火箭发射工位技术设计与建造方案,旨在必须保障载人计划能力的同时,能继续开展安加拉－A5V 氢燃料火箭的研发与发射。

俄罗斯国家航天集团要求设计团队根据安加拉－A5V 火箭及其加注推进剂线缆摆杆荷载高于安加拉－A5 和安加拉－A5M 的情况,对发射工位的地面设施结构加以调整,将避雷塔高度从 54 m 增加到 150 m,以便能在发射时保护安加拉－A5V 火箭。

（三）针对雄鹰号飞船项目启动第三阶段建造工程

俄罗斯国家航天集团的地面航天基础设施运营中心从 4 月底开始进行东方航天发射场雄鹰号飞船地面设备系统与组装设施的设计工作。发射雄鹰号飞船的将是俄罗斯新一代超重型运载火箭,其发射工位的概念设计正处于最后阶段并进入地面设备系统与组装设施的设计准备,通过概念设计的验收以及签发启动上述工作的监管与行政文件后,开始东方发射场的第三阶段建造工程。

地面航天基础设施运营中心将按照最低成本和最大使用率的思路,以利用现有地面系统

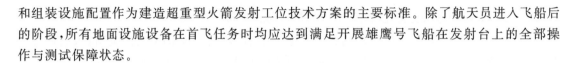

和组装设施配置作为建造超重型火箭发射工位技术方案的主要标准。除了航天员进入飞船后的阶段，所有地面设施设备在首飞任务时均应达到满足开展雄鹰号飞船在发射台上的全部操作与测试保障状态。

（四）投资研制快速有轨电车交通线

根据 2020 年 2 月初签订的初步协议，俄罗斯国家航天集团 9 月宣布将联合阿穆尔州政府和俄罗斯天然气工业股份公司，投资约 4.574 亿美元在东方航天发射场及附近居住区研制快速有轨电车交通线。快速有轨电车采用五段、低地板的新型车厢样式，速度可达 100 km/h，并计划应用无人驾驶技术。

根据研发规划，快速有轨电车交通线应需连接东方航天发射场与齐奥尔科夫斯基居住和行管区、机场、斯沃博德内和希马诺夫斯克市及阿穆尔州气体加工厂，每年拟运送乘客 500 万人次。

三、SpaceX 继续针对超重-星舰运输系统增扩建发射场

超重-星舰运载器是 SpaceX 公司目前正在研制的重点运输系统，未来将替代现有的猎鹰 9 号和猎鹰重型火箭，可用于执行包括卫星发射、轨道空间站补给与维护、全球"点到点"超快客运服务以及火星殖民地等任务。为了实现这些目标，SpaceX 公司加快推进发射场建造、扩建与申建，但其近期工作重心主要在博卡奇卡发射场。

（一）加快推进博卡奇卡发射场地面设施的建造工程

目前，超重-星舰运载器的研制、测试与试验主要是在位于得克萨斯州卡梅伦郡的博卡奇卡发射场展开。美国联邦航空局于 9 月 17 日发布了《针对 SpaceX 公司在得克萨斯州卡梅伦郡博卡奇卡发射场开展超重-星舰运载器项目的程序化环境评估报告（PEA）草案》，并征求公众意见，以此作为签发开展超重-星舰运载器试验与发射许可证的参考依据。

虽然美国联邦航空局仍未给出最终判定，但 SpaceX 公司加快推进各类地面设施设备的建造，包括高约 146.3 m 的永久性组装发射塔，安装一个称为 Mechazilla 的机械臂系统，并在顶部配装一个约 3 m 高的黑色镀层避雷针。公司 CEO 马斯克 11 月 17 日表示，希望能在年底获得美国联邦航空局的入轨发射许可，以期能在 2022 年初实施星舰的入轨首飞。

（二）重启 39A 发射工位超重-星舰发射设施的建造工程

SpaceX 曾于 2019 年秋启动了在肯尼迪航天中心 39A 发射工位建造超重-星舰发射设施的一些初步工作，并在当年 9 月完成了环境评估以及发布了一份无重大影响发现报告，但随着博卡奇卡发射场的建造工程加大，导致 39A 发射工位的相关工作暂停。

马斯克 12 月 3 日发推文表示，该公司正恢复在 39A 发射工位为超重-星舰建造发射台的工作，地面系统和发射塔架的设计将与博卡奇卡发射场的设计相似，但性能方面将有所改进。

（三）NASA 针对 SpaceX 公司申建新发射工位的请求进行肯尼迪航天中心场区环境评估

SpaceX 公司申请在肯尼迪航天中心 39B 发射工位的北面，为超重-星舰运输系统建造一座新发射工位——49 号发射工位，NASA 目前正计划对肯尼迪航天中心开展场区环境评估。根据美国《国家环境政策法》的规定，无论政府性还是商业性新建项目都必须经过综合环境评审，以此确保肯尼迪航天中心能确定潜在的环境影响并在项目实施之前定义一系列相关减缓措施。

肯尼迪航天中心的总体发展规划中一直含有 49 号发射工位，NASA 最后一次对该发射工位可用性通知的更新是在 2014 年。SpaceX 公司此次通过土地可用性通知流程申请拟建的 49 号发射工位项目包括 39A 发射工位的罗伯特路场区扩建，其占地约 0.71 km²，仍处于肯尼迪航天中心的安防范围，这样做的目的是提高和保障超重-星舰运输系统的发射与着陆能力并增加任务冗余，减少对 39A 发射工位的猎鹰 9 号、猎鹰重型与载人龙飞船的潜在干扰。

目前，NASA 与 SpaceX 公司正开展初期环境评估，并以此签订一项建造该发射工位的潜在协议。NASA 将根据美国《国家环境政策法》规定，在 2022 年初启动针对 49 号发射工位环境评估的跨机构与公众性范围界定研究，从其他机构、组织和公众中寻求有关资源、环境潜在影响问题以及制定分析方法的意见。由于 SpaceX 公司目前正向美国联邦航空局商业航天运输办公室申请超重-星舰运输系统的试验与运营许可，因此 NASA 的环境评估报告还需考虑 FAA 结合美国《国家环境政策法》规定的相关要求。

四、波音公司与 NASA 针对星际客船任务进行航天员返回硬着陆与搜救演练

波音公司和 NASA 于 1 月中旬在新墨西哥州的美国陆军白沙航天港湾完成一次航天员返回着陆与搜救演练，为实施载人星际客船从国际空间站的返回任务做准备。

在此次演练中，回收搜救团队模拟了航天员需要通过医用直升机转送到位于阿尔伯克基市的新墨西哥大学医院的场景。虽然在星际客船返回着陆与搜救过程中出现需要先进的医药研究与技术应用以及专科病人医治级别的可能性较小，但对如何消除这种风险没有十足的把握。鉴此，波音公司和 NASA 针对这种希望永远不会发生的最不利情况加以积极准备。

NASA 和波音公司在飞船返回着陆与搜救演练中，设置了许多模拟应急场景的障碍性内容，以使搜救团队熟知和掌握如何在 1 h 内定位飞船乘员舱、配置保障设备、打开舱门以及航天员出舱。使航天员必须在规定的 1 h 内出舱是基于多种考量因素，这是飞船返回着陆过程的最后一项、也是最重要的事件。由于大部分着陆点位置偏远，且在着陆后 24 h 可能会出现极端温度变化，此外在着陆区还会出现可能会伤害航天员和搜救人员的野生动物（如极具毒性的蝎子与蛇），因此在制定搜救计划时应纳入这些因素并确保一定的冗余，以便能实施及时的医治与运送而不影响到着陆与搜救工作。

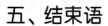
五、结束语

2021 年,虽然受到新冠肺炎疫情的不断影响,但美国、俄罗斯两国在肯尼迪航天中心和东方航天发射场的各项建造、组装、测试与发射工作仍有条不紊地向前推进,以期实现在 2022 年发射 SLS 火箭和 2023 年发射安加拉火箭的任务目标。SpaceX 公司在博卡奇卡发射场的建造进度突飞猛进,根据马斯克的规划设想,超重-星舰运输系统最快能在 2023 年开始发射商业有效载荷。

（北京特种工程设计研究院）

专题篇

美国国家航空航天局2022财年载人航天预算分析

摘要： 2022财年，美国国家航空航天局（NASA）继续为航天发射系统（SLS）重型运载火箭、猎户座飞船、探索地面系统研制申请所需的经费，并为实现载人登月目标向国会申请相应经费，保障月球"门户"空间站和载人着陆系统（HLS）的研制；在近地轨道运输方面，NASA继续推进乘员与货物运输服务采购与研制，以及近地轨道商业开发项目。

2021年5月，NASA公布2022财年预算案，预算总额超过248亿美元。其中，载人航天预算项目主要集中于深空探索系统以及空间运行两个领域，总预算为108.978亿美元，占NASA总预算的44%左右，具体预算情况如表1所列。本节主要对以上两个领域中与航天运输相关的项目进行分析，包括深空探索系统和近地轨道航天运输项目。

表1　2020—2022财年NASA深空探索系统以及空间运行预算（单位：亿美元）

预算项目	2020财年（实际投入）	2021财年预算（法案通过）	2022财年预算（申请）
1. 深空探索系统	59.598	65.174	68.804
（1）探索系统研制	45.128	45.446	44.837
①SLS火箭项目	25.281	25.609	24.870
②猎户座载人飞船	14.067	14.037	14.067
③探索地面系统	5.780	5.800	5.900
（2）探索研究与开发	14.47	19.728	23.967
①先进探索系统	2.089	1.762	1.950
②先进地月空间与表面能力	0.380	0.545	0.915
③月球"门户"空间站	4.210	6.988	7.850
④载人着陆系统	6.541	9.283	11.950
⑤人体研究	1.250	1.150	1.302
2. 空间运行	41.347	39.882	40.174
（1）国际空间站（ISS）	15.161	13.216	13.276
（2）航天运输	17.462	18.729	17.717
①乘员与货物计划	15.113	15.732	16.172
②商业乘员计划	2.349	2.997	1.545
（3）空间与飞行支持（SFS）	8.574	7.667	8.169

续表 1

预算项目	2020 财年 （实际投入）	2021 财年预算 （法案通过）	2022 财年预算 （申请）
①空间通信和导航	5.987	5.060	5.226
②载人航天飞行操作	0.999	0.978	1.018
③发射服务	0.944	0.919	1.027
④火箭推进试验	0.467	0.476	0.478
⑤通信服务项目	0.027	0.234	0.420
（4）近地轨道商业开发	0.150	0.170	1.011
总　计	100.945	105.056	108.978

一、深空探索系统

深空探索系统是 NASA 围绕深空探索开展的核心任务领域，包括探索系统研制和探索研究与开发两部分内容，为深空探索提供所需系统和能力，主要包括 SLS 重型火箭、猎户座载人飞船、探索地面系统、月球"门户"空间站以及载人着陆系统项目等。2022 财年，NASA 为该领域申请的预算总额为 68.804 亿美元，相比 2021 财年实际所得增加了 3.63 亿美元，以支持"阿尔忒弥斯"载人登月计划。

（一）太空发射系统

SLS 火箭是 NASA 组织研制的新一代重型运载火箭，采用两级结构，包括 SLS 1 型、SLS 1B 型和 SLS 2 型三种构型，近地轨道运载能力分别为 70 t、105 t 和 130 t，月球轨道运载能力分别为 27 t、38 t 和 46 t，可执行猎户座多用途载人飞船发射以及高优先级科学探索等任务。截至 2020 财年，美国政府在 SLS 项目上累计投入了约 172 亿美元。其中，91.083 亿美元用于 SLS 首飞箭的研制上，相比 70.214 亿美元的基线成本，已经超支 29.7%。SLS 首飞箭的研制成本明细如表 2 所列。

表 2　SLS 首飞箭研制成本明细

要　素	成本基线（亿美元）	实际成本估算（亿美元）	变　化
子　级	31.386	52.027	+20.641
液体发动机	11.983	4.904 （扣除重启生产所需设施的分摊费用）	−7.079
助推器	10.903	10.491	−0.412
航天器有效载荷集成 与发展（SPIE）	4.471	6.355	+1.884
其　他	11.471	17.306	+5.835
总　计	70.214	91.083	+20.869

研制进度上，截至 2021 财年底，在美国政府持续、稳定的经费支持下，NASA 完成了 SLS 火箭芯级、级间段的设计与试验以及 RS-25 芯级主发动机、五段式固体助推器、过渡型低温上面级(ICPS)的适应性改进与试验，完成了 SLS 首飞箭的制造、组装与综合性试验，并完成了第二枚火箭相关组件的生产制造工作。目前，NASA 已经通过了 SLS 首飞箭的设计认证审查，即将开展飞行准备评审，将在 2022 财年完成"阿尔忒弥斯-1"无人绕月飞行任务。不过，与最初制定的首飞时间相比，已经推迟了 4 年多。

按照目前的计划，NASA 将在 2024 年进行"阿尔忒弥斯-2"载人绕月飞行任务，2025 年进行"阿尔忒弥斯-3"首次载人登月任务。因此，2022 财年，NASA 继续为 SLS 项目申请大额项目经费，总预算为 24.87 亿美元。其中，24.136 亿美元将用于 SLS 火箭的研制工作；7340 万美元将用于 SLS 项目集成与支持。在火箭研制方面，NASA 的工作重点将转移到 SLS 的第二、三、四次任务上，完成第二个芯级、级间段、过渡型低温上面级以及第三、四个固体助推器部段的交付、组装与试验，完成"阿尔忒弥斯-2"任务的飞行准备评审；继续开展"阿尔忒弥斯-3/4"任务所需的 SLS 硬件的生产制造；继续设计和开发用于 SLS 1B 型的探索上面级(EUS)，并开展用于 SLS 2 型的先进助推器的方案设计、试验与评估。

（二）猎户座飞船

猎户座载人飞船由乘员舱、适配器、欧洲服务舱和发射逃逸系统(LAS)组成，可将 4 名航天员送入月球轨道等深空目的地，并可提供长达 21 天的居住和生活保障、紧急逃逸以及从深空安全返回的能力。截至 2020 财年，美国政府在该项目上累计投入了约 116 亿美元。其中，76.56 亿美元用于猎户座 1 无人飞船和猎户座 2 载人飞船的研制，相比 67.684 亿美元的成本基线，已经超支 13.1%，成本明细如表 3 所列。

表 3　猎户座 1 无人飞船和猎户座 2 载人飞船的研制费用

元　素	成本基线（亿美元）	实际成本估算（亿美元）	变　化
任务运行	2.816	2.690	-0.126
项目管理	6.715	8.483	+1.768
安全与任务保障	1.914	1.745	-0.169
航天器与有效载荷	32.051	49.873	+17.822
系统工程与一体化	5.393	6.753	+1.360
试验与验证	4.606	5.786	+1.180
其他直接项目成本	14.189（项目未分配的未来费用被计入其中）	1.230	-12.959
总　计	67.684	76.56	+8.876

用于"阿尔忒弥斯-1"的乘员舱、适配器、服务舱以及发射逃逸系统系统已经完成制造、装配、试验和组装，并已经集成至 SLS 1 火箭。为了满足后续"阿尔忒弥斯"计划的需求，NASA 继续为猎户座飞船项目申请足额经费，在 2022 财年为其申请了 14.067 亿美元，计划用于开展以下工作：开展首飞飞行后分析，评估航天器性能，并实现非核心电子部件的回收与重复使用；

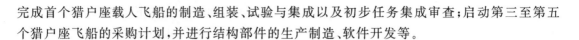

完成首个猎户座载人飞船的制造、组装、试验与集成以及初步任务集成审查;启动第三至第五个猎户座飞船的采购计划,并进行结构部件的生产制造、软件开发等。

(三)探索地面系统

探索地面系统项目在"阿尔忒弥斯"计划中发挥着不可或缺的作用,其主要依靠肯尼迪航天发射中心的地面基础设施,实现SLS火箭与猎户座载人飞船的垂直总装、试验与发射。截至2020财年,NASA在该项目上总计投入约40亿美元。其中,用于SLS 1首飞任务的地面基础设施建设费用达到了24.964亿美元,相比18.435亿美元的基线成本,已经超支33.7%,研制成本明细如表4所列。

表4 探索地面系统项目支持SLS 1首飞任务的地面基础设施建设费用

元 素	成本基线 (亿美元)	实际成本估算 (亿美元)	变 化
1号活动发射平台	2.131	4.970	+2.839
39B发射工位	0.775	0.476	-0.299
垂直总装厂房	0.927	0.408	-0.519
指挥、控制与通信	1.980	4.990	+3.010
离线处理与基础设施	1.102	1.205	+0.103
其 他	11.520	12.915	+1.395
总 计	18.435	24.964	+6.529

基于政府持续的经费支持,NASA已经完成了"阿波罗"时期到航天飞机时期所建造的垂直组装大楼(VAB)、发射控制中心、1号活动发射平台、履带运输车以及39B发射工位的升级改造与功能试验,进行了通信与控制系统的现代化改造,并开展了组装演练、发射倒计时演练等,具备执行"阿尔忒弥斯-1"任务的能力。

2022财年,NASA继续为探索地面系统项目申请相应的经费,总预算为5.9亿美元,相比2021财年的拨付金额还增加1 000万美元。NASA计划将这些预算用于1号活动发射平台、垂直组装厂房以及39B发射工位的进一步改造,以适应后续的"阿尔忒弥斯"载人飞行任务,主要包括以下几个方面:继续为39B发射工位开发新型紧急出口系统(EES),实现紧急逃生;继续开展猎户座乘员舱的回收试验;建造2号活动发射平台,满足SLS 1B型的发射需求;继续在39B发射工位附近建造、验证新型液氢储罐,采用新技术以减少气化。

(四)月球"门户"空间站

月球"门户"空间站是一个绕月飞行空间站,计划为载人深空探索任务提供着陆系统各舱段及其与猎户座载人飞船的对接平台以及燃料加注、后勤保障、科学研究等服务,助力实现美国载人深空探索的可持续性发展。为了满足"阿尔忒弥斯"计划的发展需求,NASA将先期建设最简版月球"门户",主要由电力和推进模块(PPE)与居住地和后勤前哨模块(HALO)组成。未来,NASA将依靠国际合作伙伴的参与将其发展成规模更大、能力更强的深空平台,为人类在轨停留、同一次"阿尔忒弥斯"任务中航天员反复到访月球以及飞往火星铺路。

2022 财年,NASA 为该项目申请了 7.85 亿美元,用于完成以下重点工作:准备进行"门户"的 1 期关键设计评审,建立机构基线承诺和计划承诺协议;完成电力和推进模块与居住地和后勤前哨模块的关键设计评审及组合体发射任务的初步设计评审,启动居住地和后勤前哨模块的组装、集成和测试;继续与商业伙伴合作,为"门户"居住、电子、飞行软件、生命支持、在轨燃料加注等方面提供技术支持。

(五) 载人着陆系统

载人着陆系统设计可载人往返于月球轨道或"门户"至月球表面,是 NASA 开展"阿尔忒弥斯"计划的重要组成部分。NASA 计划依靠多家商业公司开展载人着陆系统的方案设计与研制,确保项目可持续性。基于 2020—2021 财年总计约 16 亿美元的经费支持,NASA 组织多家公司开展了针对"阿尔忒弥斯-3"载人登月任务的月球着陆系统的方案论证工作,并已选定 SpaceX 公司的星舰载人着陆系统方案。另外,NASA 已经与蓝色起源、动力系统、洛克希德·马丁、诺斯罗普·格鲁曼和 SpaceX 等 5 家公司签订了第二阶段载人着陆系统方案论证合同,满足后续"阿尔忒弥斯"计划的可持续的载人登月需求。

2022 财年,NASA 继续为该项目申请了所需经费,总计 11.95 亿美元,相比 2021 财年拨付金额增加了约 29%。在这一财年,NASA 计划继续为 SpaceX 公司的第一个着陆器研制提供经费。另外,NASA 还将继续与工业界展开合作,为采购可持续的月球表面运输服务开辟道路。

二、近地轨道航天运输

(一) 商业近地轨道运输系统

为了实现自主能力,NASA 从 2006 年启动商业近地轨道航天运输系统研制项目,包括"乘员与货物计划"和"商业乘员计划"。截至 2020 年 9 月,NASA 在这两个项目上累计拨款约 195 亿美元。其中,60 亿美元用于支持已经完成的猎鹰 9 号/龙飞船和安塔瑞斯/天鹅座货运系统、载人龙飞船以及在研的追梦者货运飞船和星际客船;130 亿美元用于向俄罗斯以及 SpaceX 公司和波音公司采购国际空间站载人运输服务,以及向 SpaceX 公司、诺斯罗普·格鲁曼公司和内华达山脉公司采购国际空间站商业货运服务。

2022 财年,NASA 继续为近地轨道商业运输项目申请相应的经费,总计 17.717 亿美元。其中,16.172 亿美元用于采购发射服务,1.545 亿美元主要用于完成波音公司的载人航天运输系统的评估和认证。

在货物运输方面,NASA 已经在第一轮货物运输合同(CRS-1)下采购并完成了 34 次运输任务,并于 2020 财年授予总计至少 18 次的第二轮货物运输合同(CRS-2)。在 CRS-2 合同下,SpaceX 公司和诺斯罗普·格鲁曼公司将在 2022 财年分别执行 3 次和 2 次货物发射,而内华达山脉公司的追梦者飞船有望准备投入使用。在乘员运输方面,随着 SpaceX 公司的猎鹰 9 号/载人龙飞船载人运输系统投入常规使用,且波音公司的宇宙神-5/星际客船将在 2022 财年初完成载人试飞,NASA 计划在 2022 财年由这两家公司至少执行 2 次载人发射服务。

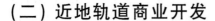

（二）近地轨道商业开发

近地轨道商业开发项目最初是在 2019 财年预算申请中增加的，计划通过商业竞争模式开发和运营更小、更现代以及更高效的商业近地轨道空间站，确保 NASA 可持续拥有近地轨道访问能力，同时发展强大的空间经济。

在建设方面，NASA 致力于利用国际空间站及其能力来给予工业界一定的帮助，并承诺政府将利用商业平台进行基础研究、深空观测等任务。

在预算方面，2019—2021 财年，NASA 都为该项目申请了 1.5 亿美元，但都未获得批复，实际支付金额都未能超过 2 000 万美元。2022 财年，NASA 继续为该项目申请所需经费，约 1 亿美元。基于前两年在项目管理、方案选择、发展路线等方面开展的相关工作，NASA 计划在 2022 财年继续推进公理太空公司等多家私营公司在可居住部分等商业空间站模块方面的设计与试验，继续由 SpaceX 等私营公司开展国际空间站私人载人飞行任务，并持续进行航天员在轨支持等方面的研究工作。

三、发展分析

（一）载人深空探索是 NASA 在航天运输领域的发展重点

2022 财年，NASA 将深空探索系统的预算提高 5%，增至 68.804 亿美元，占 NASA 总预算的 28%。猎户座、SLS 重型火箭以及探索地面系统等探索系统研制项目的申请额与上一财年拨款额基本持平，属于持续的大投入，但探索研究与开发领域的预算增加超过 20%，达到近 24 亿美元，其中 11.95 亿美元计划用在载人着陆系统项目上。而针对该预算，美国众议院拨款委员会拟为深空探索系统增加 4 亿美元，提高 SLS、探索地面系统和探索研究与开发项目的额度；而参议院拨款委员会拟维持 SLS 和猎户座飞船的预算水平，但给探索地面系统和载人着陆系统项目分别增加 1 亿美元，给"门户"项目增加了 8 000 万美元。预算额和拨款额的持续增加充分体现了拜登政府以及美国国会两院对以"阿尔忒弥斯"载人探月为主的载人深空探索计划的高度重视。

随着 SLS 1/猎户座无人首飞任务进入飞行准备阶段，NASA 计划在新财年重点开展"阿尔忒弥斯 2-4"任务所需的火箭、飞船组件及各系统的制造、组装、试验等工作，为载人任务设置紧急撤离等地面支持系统，并开展探索上面级、2 号活动发射平台以及改进型固体助推器的设计与研制，目的是确保"阿尔忒弥斯"载人登月以及后续载人深空探索任务的可持续发展。

（二）"阿尔忒弥斯"计划的实施需解决成本控制与经费不足问题

"阿尔忒弥斯"计划由美国政府主导，通过商业和国际合作途径，发展主要由 SLS 火箭、猎户座飞船、探索地面系统、月球"门户"空间站和载人着陆系统组成的深空探索框架，以实现在本世纪二十年代末的月球可持续探索目标。基于目前的发展态势，成本控制与经费不足问题是影响该计划有效实施的重要一环。

截至 2020 财年，用于支持"阿尔忒弥斯-1"任务的 SLS 重型火箭、猎户座飞船以及探索地面系统的研制成本相比成本基线分别超出了约 29%、13% 和 33%，而绝大部分超支与管理有

关。目前,NASA 采取成本加奖励的合同管理方式,在产品研制进度一再延期的情况下仍然给予承包商高额奖励费用。未来,NASA 可能授出固定价格合同,使承包商主动降低产品研制成本,保障研发进度。而在探索研究与开发方面,载人着陆系统研制项目一直存在经费不足问题,2021 财年仅拨款约 9 亿美元,只占最初申请额的 25% 左右。虽然 2022 财年政府在该项目上增加了 1 亿美元,但与预计的 160 亿美元(2 家企业未来 5 年内的总需求)相比,相差甚远。美国加速载人登月计划所需的全部研制经费尚未落实,未来仍将面临巨大的考验。

(三) 美国将迎来常规化近地轨道商业化发射与运营

目前,NASA 已通过与诺斯罗普·格鲁曼和 SpaceX 等商业公司的合作,完成了 34 次货运服务,形成了持续、稳定的国际空间站货物往返运输能力,且内华达山脉公司也有望从 2022 财年开始执行近地轨道货物运输任务。而在商业载人运输方面,SpaceX 公司已经开始常规载人发射服务,且波音公司也将在 2022 财年完成载人试飞,在完成商业乘员运输能力认证之后正式投入使用。按照要求,从 2022 财年开始,SpaceX 和波音公司需至少保证每年 2 次国际空间站载人发射服务。除了通过商业运输系统成功搭建美国近地轨道的货物与乘员运输能力以外,NASA 从 2019 财年开始持续为近地轨道商业开发项目申请经费,旨在打造后国际空间站时代近地轨道商业化运营模式。2022 财年,NASA 为该项目制定了合理的发展规划,最终获得了 1.01 亿美元的全额拨款。基于 NASA 的经费、技术支持以及公理太空公司、SpaceX 公司等商业公司在商业空间站舱段设计与试验、私人载人飞行等方面做出的努力,美国将迎来真正意义上的常规化近地轨道商业化发射与运营。

(北京航天长征科技信息研究所)

美国航天发射系统重型火箭与超重-星舰对比分析

摘要：由美国国家航空航天局（NASA）负责的航天发射系统（SLS）重型运载火箭和 SpaceX 公司研制的超重-星舰是美国在研的新一代重型运载器，均以载人登月、载人登火为相同的目标。在美国政府的大力支持下，SLS 火箭历经 10 年时间有望在 2022 年首飞，而超重-星舰也已经进入亚轨道和轨道试飞准备阶段。本节对这两型运载器的研制理念、方案、任务模式、关键技术和管理模式上的不同进行对比分析，可进一步加深对美国重型运载火箭最新发展的认识。

为了满足载人深空探索需求，NASA 和 SpaceX 公司在 21 世纪初相继提出了 SLS 重型火箭和超重-星舰运输系统方案。这两型重型运载器均以载人登月、载人登火为目标，研制工作都获得美国政府的大力支持，但在总体方案、任务模式、关键技术以及管理模式等方面呈现出不同的特点。

一、总体方案对比分析

SLS 火箭为两级结构，包括 SLS 1 型、SLS 1B 型和 SLS 2 型三种构型，采用垂直整体运输方案从肯尼迪航天发射中心 39B 发射工位执行载人或载货发射任务。其中，SLS 1 型由芯级、2 个固体助推器、级间段和过渡型低温上面级（ICPS）组成，采用 4 台 RS-25 氢氧发动机以及 1 台 RL10B-2 氢氧发动机分别作为芯级和上面级的主发动机，并由固体助推器提供 75% 的起飞推力。SLS 1 型高 98 m，最大直径 8.4 m，起飞质量为 2 600 t，起飞推力达到 39 144 kN，整流罩直径 5.1 m，具备 70 t 和 27 t 的近地轨道以及月球轨道运载能力。在 SLS 1 型的基础上，NASA 采用直径为 8.4 m 的探索上面级（EUS）替换过渡型低温上面级以形成 SLS 1B 构型，由 4 台 RL10C-3 氢氧发动机为上面级提供更大的真空推力，使火箭的近地轨道和月球轨道运载能力分别达到 105 t 和 38 t。而 SLS 2 型将在 SLS 1B 的基础上使用先进固体助推器替代五段式固体助推器，实现 130 t 的近地轨道运载能力，并将其月球轨道运载能力提高到 46 t。图 1 为 SLS 系列火箭构型图。

超重-星舰运输系统在经过多次修改后，仍采用"运载火箭＋载人飞船"的箭、船一体化设计方案，即"超重"火箭级和"星舰"飞船级，两部分均可完全且快速地重复使用。超重-星舰运输系统全长至少 120 m，最大直径由 12 m 缩减到 9 m，全箭采用不锈钢材料，起飞质量 5 000 t，起飞推力 72 520 kN，近地轨道运载能力从最初设计的 300 t 降至 100 多 t。对于超重火箭级，设计 4 个栅格舵（外形由矩形改为菱形）和 4 个着陆支腿；采用猛禽液氧/甲烷发动机，发动机数量可根据任务需求进行调整，最多 36 台，最少 28 台，推进剂均采用过冷加注方式；初期任务中将采用垂直起降技术，未来将采用发射架抓捕的解决方案。对于星舰飞船级，采用 6 台猛禽发动机（3 台海平面型和 3 台真空型）；设计"双鸭翼＋双尾翼（均为梯形）"和 6 个可伸缩着陆

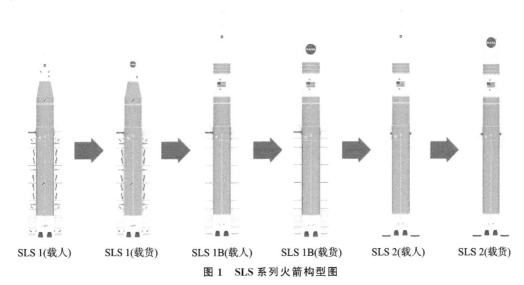

| SLS 1(载人) | SLS 1(载货) | SLS 1B(载人) | SLS 1B(载货) | SLS 2(载人) | SLS 2(载货) |

图1　SLS系列火箭构型图

支腿;迎风面防热由气膜主动冷却改为防热瓦;在回收方面,采用垂直起降技术,最大限度利用空气制动,以60°倾斜姿态进入大气层。

二、任务模式对比分析

　　SLS系列重型火箭分为载人型和货运型,具有起飞质量大、载荷容纳空间大、发射能量大的优势,可满足美国的载人登月、载人探火等深空发射需求。在"阿尔忒弥斯"登月任务中,SLS 1和SLS 1B型可分别将27 t和38 t有效载荷送入地月转移轨道,之后猎户座载人飞船依靠自身动力进入月球"门户"或环月轨道,与载人登月着陆系统对接后飞往月球并着陆;而未来的SLS 2型将具备一次发射即可实现载人登月目标的能力。此外,SLS重型火箭可为小型载荷提供搭载发射机会,还可用于执行高优先级的科学任务,如火星样本返回任务以及大孔径太空望远镜等科学探索任务。相比宇宙神-5等大中型火箭,采用SLS火箭,可大大缩短任务时间,简化发射模式,降低操作成本,满足大尺寸载荷需求。

　　超重-星舰分为载人型和货运型,具有多任务适应性,借助于在轨加注,可满足大规模发射入轨、空间站补给、全球一小时抵达、载人登月、载人登火等。在近地轨道方面,利用其大规模进出空间的优势,结合快速检测与快速发射能力,可实现航班化"拼车",定期发射,从而开创运输新模式。而在深空运输方面,在停泊轨道进行多次推进剂加注后,超重-星舰的月球轨道运载能力至少可达100 t,返回能力达50 t,可实现大规模有效载荷在轨服务新模式。

　　此外,在载人月球探测、火星殖民任务中,该系统单次可运送约100人,相比过去载人任务最多一次7~8人,载客量大幅提升。但与SLS相比,超重-星舰在载人登月任务模式上最显著区别在于,星舰将需要进行多次推进剂在轨加注。由于该技术仍处于探索阶段,因此尽管超重-星舰在争夺NASA载人月球着陆系统项目中获得了研发合同,并取得了NASA的信任,却备受竞争对手的诟病,他们认为该技术存在较多不确定性,并对星舰未来是否能够实现载人深空探索抱有疑问。

三、关键技术对比分析

在关键技术方面,美国SLS重型火箭、超重-星舰运输系统都对已有成熟技术进行充分继承,同时利用先进技术研发成果提升系统性能和可靠性,并降低成本。表1为SLS与超重-星舰的关键技术对比。

表1　SLS与超重-星舰的关键技术对比

领　域	SLS重型火箭	超重-星舰运输系统
总体技术	1) 两级捆绑助推器的构型设计技术 2) 固体发动机＋氢氧发动机动力组合技术	1) 箭、船一体化设计技术 2) 多发动机并联技术 3) 气动热布局技术 4) 低温推进剂在轨加注技术 5) 重复使用设计
结构技术	1) 壳体材料技术:铝合金、复合材料 2) 隔热材料技术:泡沫防热材料	1) 全箭不锈钢材料 2) 防热瓦防热技术
动力技术	1) 大推力氢氧发动机技术 2) 大推力固体发动机技术	液氧甲烷发动机技术
控制技术	自适应增强控制技术	多约束返回着陆的制导与控制技术
制造技术	1) 搅拌摩擦焊技术 2) 拉升成形技术 3) 3D打印技术	1) 快速制造技术 2) 3D打印技术
发射技术	1) 活动发射技术 2) 液氢集成冷却与存储技术	1) 发射台固定发射 2) 海上发射

除了充分利用成熟的大推力氢氧发动机技术、大推力固体发动机技术之外,NASA还进行了新技术的开发和应用研究。基于SLS项目,NASA在材料方面深入研究了用于壳体的轻质铝锂合金和复合材料的应用可行性,降低结构质量,这些材料未来有望用于SLS火箭的"超轻质贮箱"、先进助推器、探索上面级的结构制造;在制造上大量应用搅拌摩擦焊和3D打印技术,并开展箱底瓜瓣拉升成形技术研究,以提高芯级等结构的工艺水平,大大降低芯级、上面级以及发动机喷注器涡轮泵等结构零部件的制造成本和研发时间;评估了系列低温推进剂贮存技术,计划应用于SLS后续型号;采用自适应增强控制技术,利用具备在线自主处理能力的AAC算法,优化SLS火箭的轨迹性能,提高火箭的飞行稳定性;充分利用实验室的研究成果,如集成冷却与存储技术,计划基于该技术在发射区建造新型液氢储罐,以期提升液氢的使用效率。

与SLS火箭主要在局部的工艺、材料、算法等方面进行优化改进不同,SpaceX公司在超重-星舰研制中大胆采用了先进设计理念和方法,相对传统火箭方案呈现出颠覆性创新特点:一是全箭及贮箱采用经过低温处理的300系列标准不锈钢,原因是高质量不锈钢材料在低温下强度会提高,且不锈钢的熔点远高于目前运载火箭常用的铝合金和复合材料,对于可重复使

用运载火箭,热防护压力大大降低。另外不锈钢材料成本极低,有利于运载火箭实现低成本,目前已采用 304L 不锈钢制造燃料贮箱,进一步提升强度系数;二是作为一种重型火箭,全箭仅采用一型发动机,分为海平面和真空两个状态,显著降低发动机研发成本和研制周期,提升可靠性;三是在星舰迎风面安装六边形的防热瓦,可在满足热防护要求的情况下,有效降低结构质量;四是两级通过不同回收方式进行回收,设计难度更高,对制导控制系统的研制带来了新挑战;五是采用在轨加注技术,在轨加注过程利用尾部伸缩加注管对接,实现在轨加注,满足载人登月、火星殖民等任务需求。

四、管理模式对比分析

对比 NASA 的 SLS 项目和 SpaceX 公司的超重-星舰项目,两者在研制进展和研发速度上存在着较大差异,造成这种情况的主要因素就是项目管理模式上的不同。SLS 项目所采用的 NASA 完善成熟的系统工程管理方法,在 NASA 和传统航天企业的大量重点项目中得到了充分实践和验证,能够保证飞行任务的可靠性,提高成功率。传统的管理模式涉及非常庞大的系统,包括 NASA 内部多个研究中心以及众多分包商。为了能够科学地组织项目实施,需要高度重视不同层级、不同系统之间的接口关系,强调流程管理的规范性,采用大量的评审流程保证产品研发质量。这在一定程度上导致从下到上的传递速度比较慢,决策速度相应地滞后;众多部门、主承包商、次级承包商之间的接口协调关系复杂,在办事效率、沟通效率上影响项目研制进度,使得 SLS 项目进度不断推后。

相比而言,SpaceX 在传统系统工程管理模式的基础上,融入了扁平化、纵向一体化、平行研发等管理理念,具有类似于互联网创新企业快速迭代的文化基因,提高了管理效率。而且马斯克作为 SpaceX 公司负责人,直接负责超重-星舰项目,能够直接调配公司内部的所有人力和资源,快速进行技术和管理决策,推动项目高速前进。

五、启示与建议

（一）根据多方因素综合研判,制定符合需求的总体方案

在总体方案方面,NASA 与 SpaceX 公司进行了不同的选择。SpaceX 公司的超重-星舰采取多台发动机并联的方案,一子级将安装 33～36 台猛禽液氧甲烷发动机,使其成为自苏联 N-1 重型运载火箭之后,人类在火箭一子级安装发动机数量最多的航天运载器。多机并联的优点是:可以通过增加发动机台数实现更大推力,节约研制经费,缩短研制周期;通过设计飞行重构能力,降低多机并联带来的固有可靠性下降的问题,提高飞行任务的成功率;返回过程中仅部分发动机点火工作,降低了对发动机推力调节范围的要求,有利于实现垂直回收。但多机并联也存在诸多难点,如纵向耦合振动、发动机控制、更加恶劣的热环境等问题。以苏联的 N-1 为例,该火箭未能解决发动机控制和推力水平一致等问题,导致连续 4 次折戟。目前,SpaceX 公司已通过猎鹰重型火箭在多发动机并联技术方面积累了大量经验,通过分步骤试验,以及批量生产和重复使用降低火箭成本。NASA 的 SLS 火箭采取了传统的大芯级捆绑助推器方案,芯级采用 4 台推力为 230 t 的 RS-25 氢氧发动机,并充分借助 2 台推力 1 600 t 的

固体发动机的起飞能力,实现较大的起飞规模,可有效避免多台(超过 8~9 台)发动机并联的不足。另外,NASA 选择氢氧发动机作为 SLS 上面级发动机,可以提高火箭的运载效率。

(二)动力技术是关键基础和难点,应加快大推力液体火箭发动机研制

NASA 有很好的动力技术基础,包括航天飞机的 RS-25 分级燃烧循环的氢氧发动机、世界上推力最大的固体助推器、高性能的 RL-10 膨胀循环上面级氢氧发动机,以及阿波罗时代的 J-2 大推力上面级氢氧发动机。NASA 基于非常成熟的动力基础以及任务需求,不断迭代演进,形成现在的 SLS 火箭方案。尽管有如此良好的基础,NASA 仍是经过 10 多年的研制周期,开展大量地面试验,才完成发动机鉴定并交付首飞箭所需的发动机。相较而言,SpaceX 公司则是根据超重-星舰的未来任务需求,采用全新研制的猛禽全流量分级燃烧循环液氧甲烷发动机。因甲烷廉价丰富可降低成本,温度与液氧接近易于实现共底贮箱,相比煤油具有积碳少、比冲高等特点,以及未来火星可以实现原位制造的优势,非常适用于执行火星探索任务。不过,由于液氧甲烷发动机燃烧室噪声环境恶劣,燃烧不稳定易出现爆炸等难点,以及全流量分级燃烧循环方案的复杂性,猛禽发动机经历了 12 年的研制历程后仍未定型。虽然已经在星舰样机上进行过 9 次飞行试验,但仍在不断改进。

从 SLS 和超重-星舰的研制可以看到,动力技术是重型火箭的关键基础和难点,研制投入多、周期长、难度大,其研发需要得到高度重视。

(三)开展先进材料和制造技术研究,实现大直径结构的轻质化

NASA 为航天飞机 8.4 m 贮箱研制了 2219 铝铜合金标准质量贮箱、2219 铝铜合金轻质贮箱和 2195 铝锂合金超轻质贮箱,逐步实现贮箱的轻质化设计和制造。在 SLS 项目中,针对 8.4 m 芯级贮箱,NASA 开展了 2219 和 2195 正交网格面板的对比研究,基于厚度、总体结构质量以及焊接难度的考虑,在 SLS 1 型的芯级制造上采用了 2219 铝合金;持续开展了 2050 铝锂合金以及复合材料的研究,进一步降低结构质量和制造成本,为后续的 SLS 芯级、固体助推器、级间段和探索上面级的轻质化结构设计提供可能。基于材料研究,NASA 也在不断创新制造工艺,已经实现了搅拌摩擦焊技术在 SLS 芯级结构制造上的应用,实现了芯级的垂直焊接、装配和组装,并持续开展了 2195 箱底瓜瓣的拉伸成形工艺研究。而在超重-星舰项目上,SpaceX 公司在早期也选择了碳纤维复合材料,但因为箭体返回过程中的防热需求而最终选择不锈钢材料。不锈钢材料结构效率低,但超重-星舰系统起飞推力大,推力存在富余,因此公司充分利用不锈钢在高温条件下的高强度性能以及廉价、制造工艺简单等优势,并通过轴压设计、添加铬镍、采用更薄防热瓦等途径来增强其低温环境下的结构强度和韧性。

对于重型火箭的设计与研制,可以借鉴美国在高性能铝锂合金、复合材料等结构材料以及垂直搅拌摩擦焊制造等方面的研发经验,满足大直径结构的轻质化设计与制造需求。

(四)重视地面或飞行试验的充分性,为设计改进提供支撑,确保火箭飞行可靠性

在 SLS 火箭项目上,NASA 遵循系统工程的理念,开展了覆盖组件、单机、分系统、系统的地面试验。通过大量的缩比模型试验,NASA 在设计阶段积累了丰富的底部热环境、声环境

等相关数据,为底部热防护设计、噪声抑制系统的研制等提供了支撑。NASA 开展了结构试验,重点验证了氢箱长时间(5 h)承受 2.6 倍飞行应力、氧箱承受 1.7 倍飞行载荷的结构性能,且预测载荷值与实际载荷值误差仅有 2%～3%,有利于后续主要结构的优化设计;进行了 39次、总时长 16 945 s 的芯级 RS-25 发动机点火试验,评估了新型热防护系统、控制器、蓄压器等新型组件的性能;进行了固体发动机的地面鉴定试验,解决了新型无石棉隔热层带来的气泡问题,为助推器的性能分析提供了全套数据;开展了芯级动力系统试验,提前暴露出了液氢前置阀、液氧温度过高、阀门提前关闭、发动机提前关闭等问题,有利于进行设计改进,为飞行可靠性奠定基础。在火箭飞行之前,NASA 还将完成首飞箭的系列综合性试验,以验证箭地连接系统和发射平台释放系统的性能,并进行箭体模态试验,收集结构动力学数据。

在超重-星舰项目上,SpaceX 公司同样严格遵循宇航型号产品循序渐进的研制流程,在设计完成后通过大量的地面试验考核验证相应设计的正确性,主要包括发动机点火试验、动力系统试车、结构静力学试验、贮箱低温加压试验,验证了 304L 不锈钢材料的适用性和箭体厚度由 4 mm 降至 3.6 mm 的可行性。而与 SLS 不同的是,SpaceX 公司在该项目上还分阶段开展了大量的飞行试验,在两年时间内利用 10 架星舰原型机成功实现了 150 m 低空试飞和 10 km高空试飞目标。通过低空试飞,公司证明了大推力发动机偏置用于垂直起降的可行性。随后进行的高空试飞中出现的硬着陆等问题推动了星舰的数百项设计改进,最终证明了猛禽发动机的性能、飞行器整体空气动力学再入能力、着陆前飞行姿态控制调整能力。基于快速迭代的研发理念,SpaceX 公司通过飞行试验,快速实现了关键技术和设计方案的不断迭代。

(北京航天长征科技信息研究所)

俄罗斯扩建国际空间站情况分析

摘要: 针对提升国际空间站应用能力的发展需求,俄罗斯在现有舱段基础上,向国际空间站(ISS)部署了科学号多功能实验舱、船坞号节点舱等新舱段。本节研究了俄罗斯扩建国际空间站的项目背景,并梳理了从发射前准备到在轨任务安排的实施情况,整理了科学号多功能实验舱、气闸舱、欧洲机械臂的系统设计方案,并对其未来发展进行了分析。

一、项目背景

国际空间站是由美国、俄罗斯主导,共计 16 个国家参与建造和运行的大型空间基础设施,是目前在轨运行的最大空间平台,支持微重力环境下的科学实验和长期人类活动。国际空间站于 1998 年正式开始在轨建造,于 2011 年基本完成大规模组件的在轨组装,全面进入在轨应用和维护阶段,后续继续部署少量舱段进一步扩展其在轨能力。

国际空间站整体上可划分为美国舱段和俄罗斯舱段,俄罗斯在其中发挥了关键作用。至 2011 年大规模建造阶段结束时,俄罗斯舱段包括曙光号(Zarya)功能货舱、星辰号(Zvezda)服务舱、停泊号(Pirs)对接舱、搜索号(Poisk)迷你研究舱-2、破晓号(Rassvet)迷你研究舱-1 等 5 个舱段。俄罗斯舱段在轨规模较大,但在轨应用能力仍有所欠缺。在国际空间站前 66 批长期考察组中,俄罗斯航天员占总任务人次数的 40% 以上,但开展的实验仅占国际空间站实验项目总数的约 20%。

为此,俄罗斯在国际空间站设计和建造阶段就计划在已有舱段基础上,逐步补充部署科学号多功能实验舱(Nauka)、船坞号节点舱(Prichal)、科学-动力舱(HEM)等 3 个新舱段,逐步提升应用能力。随着国际空间站已有舱段的老化,俄罗斯变更原扩建方案,将科学-动力舱改用作俄罗斯轨道服务站(ROSS)的舱段,仅向国际空间站部署科学号、船坞号等 2 个新舱段。图 1 为国际空间站俄罗斯舱段部分建造完成后示意图。

二、扩建任务情况

俄罗斯最初计划在 2009 年部署科学号多功能实验舱,由于设计方案修改以及研制阶段多次发生问题,该舱段的发射日期屡次推迟,最终科学号于 2021 年 7 月成功部署。随后,船坞号节点舱于 2021 年 11 月发射并部署,完成国际空间站俄罗斯舱段的全部扩建工作。

(一)科学号多功能实验舱部署任务

1. 发射前的准备

科学号多功能实验舱于 2020 年 8 月完成研制和测试,从赫鲁尼切夫国家航天科研生产中

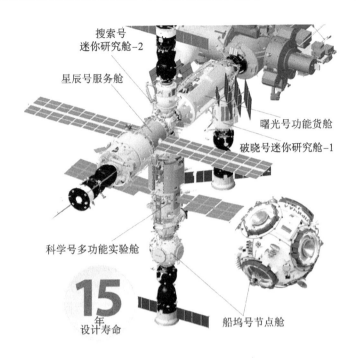

搜索号
迷你研究舱-2

星辰号服务舱

曙光号功能货舱

破晓号迷你研究舱-1

科学号多功能实验舱

15
年
设计寿命

船坞号节点舱

图 1　国际空间站俄罗斯舱段部分建造完成后示意图

心出厂,运往拜科努尔航天发射场,进行为期约 9 个月的系统测试和发射前准备工作。此外,国际空间站上同步开展了一系列准备工作,包括为停泊号对接舱离轨做准备、将出舱设备从停泊号转移至搜索号、铺设一系列管路和电缆、运送科学号舱段所需组件等。

2. 发射及在轨飞行段异常处置

2021 年 7 月 21 日,质子号 M 火箭升空,经过约 9 min40 s 飞行后成功将科学号多功能实验舱送入预定轨道。初始入轨参数为近地点 199.0 km,远地点 375.5 km,轨道倾角 51.6°。

科学号入轨后,俄罗斯巴尔瑙尔地面测控站没有按计划接收到遥测信号,无法确认航向及主动对接系统天线部署情况。为此,俄罗斯取消了第一次轨道修正机动,以便地面控制人员对问题进行处置,后经确认,对接天线已按计划部署。

此外,由于软件错误,科学号上的高压燃料罐和低压燃料罐过早进行了压力平衡,导致压力超过主发动机工作范围,主发动机无法工作。俄方决定利用小推力发动机点火进行初步轨道机动,待燃料罐压力降至许可范围后,利用主发动机点火,实现与国际空间站交会。

3. 交会对接

科学号在轨飞行的同时,地面同步控制拆除 2001 年部署至国际空间站的停泊号对接舱。控制人员对国际空间站进行了 180°偏航机动,将原先尾部的俄罗斯舱段部分转向前部,随后进行 90°俯仰机动,使星辰号天底点对接口朝后,随后利用进步 MS-16 货运飞船将停泊号对接舱带离空间站,腾出星辰号服务舱天底点对接口。

停泊号分离后,国际空间站保持之前翻转的姿态,继续使星辰号服务舱天底点对接口朝后,便于科学号追赶对接。科学号在轨自主飞行 8 天后,成功对接至国际空间站。

4. 对接后在轨异常点火

科学号与国际空间站对接约 3 h 后,站上乘员将科学号飞行控制计算机与空间站计算机网络连接,并对系统进行空气检漏,随后计划打开舱门。在此过程中,科学号发生软件故障,错误执行了指令,意图使科学号撤离空间站,推进系统发动机出现计划外点火,导致空间站姿态失稳,在约 0.5 h 内在轨翻转 1.5 圈。

为了维持国际空间站姿态,星辰号服务舱进行了补偿点火。地面控制中心制定应急处置方案,包括:①要求航天员关闭所有舷窗,以防喷射的推进剂对舷窗表面造成污染;②指示航天员关闭刚打开的星辰号服务舱舱门,空间站进入"安全模式";③利用星辰号服务舱姿态控制系统和进步 MS-17 货运飞船对空间站进行姿态控制,使旋转速度逐渐慢下来直至停止,随后反向旋转约 0.5 圈后恢复正常姿态。俄方表示已经排除隐患,站上一切正常,不会对航天员的安全造成威胁。

5. 在轨任务安排

科学号多功能实验舱与国际空间站成功对接后,将开展为期 12 个月的在轨安装与调试工作,主要分为 4 个阶段:①对科学号进行在轨组装,包括安装气闸舱、附加散热器以及大尺寸设备固定装置;②对科学号系统及接口功能进行检测,确保其与俄罗斯舱段部分连接正常;③用已经运抵空间站的工具和科学设备对科学号进行改造;④制定舱段工作模式、飞行操作以及异常情况处置机制。

科学号多功能实验舱投入使用后,将进一步扩展国际空间站俄罗斯舱段部分的在轨能力,还可增加俄罗斯舱段的工作和生活空间,开展科学与应用研究,支持欧洲机械臂工作等。科学号能够用于国际空间站的滚转控制,在初期用于临时对接进步 MS 货运飞船、联盟-MS 载人飞船,后续永久性对接船坞号节点舱。

(二) 船坞号节点舱部署任务

1. 发射前准备

船坞号节点舱于 2021 年 7 月完成各项研制测试工作,从科罗廖夫能源火箭航天集团出厂,运往拜科努尔航天发射场,进行为期约 3 个月的系统测试和发射前准备工作。此外,国际空间站上同步开展了一系列准备工作,包括提前使进步 MS-17 飞船转位对接至科学号节点舱,并在船坞号成功发射后使进步 MS-17 飞船离站,同时带离支持进步和联盟飞船的临时对接适配器,露出被动混合对接口,支持船坞号节点舱的永久连接。图 2 为进步 MS-17 飞船带离临时对接适配器。

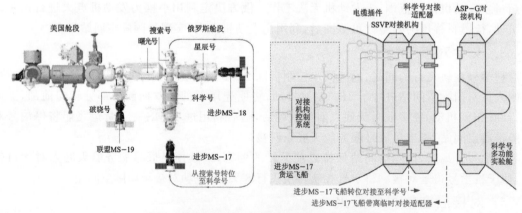

图 2 进步 MS-17 飞船带离临时对接适配器

2. 发射任务

船坞号节点舱安装在进步 M 飞船前部,由进步 M 送往国际空间站,进步 M 飞船和船坞号节点舱组合体称为进步 M - UM。2021 年 11 月 24 日,联盟- 2.1b 运载火箭点火,经过 9 min23 s 飞行后成功将进步 M - UM 送入预定轨道。初始入轨参数为近地点 193 km,远地点 240 km,轨道倾角 51.67°。

船坞号节点舱装载了 700 kg 货物,包括食物、个人防护设备、净水器、维修设备、卫生用品和药品等,支持国际空间站第 66 长期考察组工作和生活。

3. 后续任务

根据计划,进步 M - UM 经过 2 天 34 圈飞行后与国际空间站科学号实验舱天底点对接。进步 M 飞船将在轨停留约 30 天,于 2021 年 12 月再入大气层烧毁。随后,俄罗斯计划安排 6 次太空行走,完成国际空间站、科学号实验舱、船坞号节点舱的各项设备安装和线路连接工作。图 3 为船坞号节点舱对接和进步 M 飞船分离。

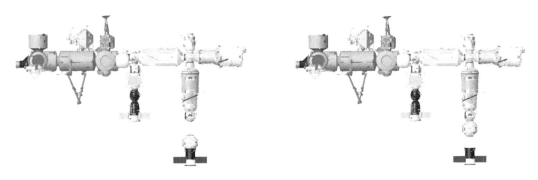

图 3　船坞号节点舱对接(左)和进步 M 飞船分离(右)

三、系统设计方案

(一) 科学号多功能实验舱的相关系统

科学号多功能实验舱相关系统除了实验舱外,还包括气闸舱、欧洲机械臂等部分,各部分协同工作,提升俄罗斯舱段的综合应用能力。

1. 科学号多功能实验舱

科学号多功能实验舱是国际空间站最大的舱段之一,同时是继美国命运号(Destiny)、欧洲哥伦布号(Columbus)和日本希望号(Kibo)后第四个大型科学实验舱。

科学号由俄罗斯国家航天集团出资,俄罗斯能源火箭与航天集团抓总,联合赫鲁尼切夫国家航天科研生产中心等企业共同研制。科学号主要由仪器加压舱和球形加压适配器组成,在轨质量 20 350 kg,全长 13.12 m,最大直径 4.25 m,加压舱体积 70 m³,太阳电池阵面积 56 m²,供电功率 2.5 kW,设计寿命 15 年。科学号包含应用、生保、推进、飞控、热控等多个分系统,相互配合支持其在轨稳定运行。图 4 为科学号多功能实验舱外形。

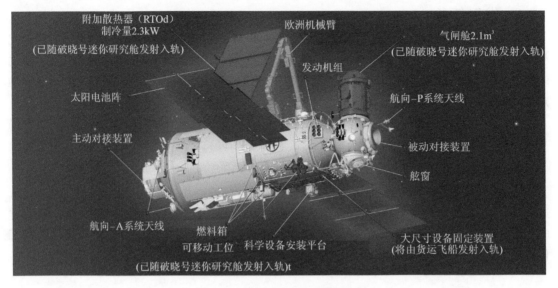

附加散热器（RTOd）
制冷量2.3kW
(已随破晓号迷你研究舱发射入轨)

欧洲机械臂

发动机组

气闸舱2.1m³
(已随破晓号迷你研究舱发射入轨)

太阳电池阵

主动对接装置

航向-P系统天线

被动对接装置

舷窗

航向-A系统天线

燃料箱

可移动工位　科学设备安装平台

(已随破晓号迷你研究舱发射入轨)t

大尺寸设备固定装置
(将由货运飞船发射入轨)

图4　科学号多功能实验舱外形

2. 气闸舱

气闸舱已于2010年随破晓号迷你研究舱-1运抵国际空间站，后续通过机械臂安装在科学号上。该气闸舱可将科学实验及其他设备从科学号加压舱内转移至舱外真空环境中，与欧洲机械臂配合使用，可使硬件设备实现快速安全的移动。

气闸舱质量1 050 kg，内部容积为2.1 m³，可容纳质量150 kg、尺寸范围在1 200 mm×500 mm×500 mm内的载荷，载荷附在特制的活动托盘上，卸压后开盖即可滑出气闸舱，并实现遥控操作。气闸舱还可实现载荷全自动操作，舱内设有机械臂抓取基准点便于抓取载荷，舱外设置了载荷被动附着点用于载荷挂靠；同时还可支持航天员参与载荷操作任务，在舱外为航天员设置了必要的栏杆和踏板。图5为气闸舱结构。

3. 欧洲机械臂

欧洲机械臂由空客防务与航天公司专门为欧洲航天局（ESA）研制，是继加拿大机械臂-2（Canadarm-2）和日本实验舱遥操作机械臂系统（JEMRMS）后，国际空间站又一重要的舱外机器人装置。欧洲机械臂挂靠在科学号多功能实验舱外部，是首个能触达俄罗斯舱段的机械臂，此前两个机械臂主要用于抓取美国舱段的载荷。

欧洲机械臂既可自主工作，也可根据航天员指令开展工作。机械臂由2个终端操作装置、2个腕、2个臂和1个肘关节连同电气设备和相机构成，拥有7自由度，具有对称性功能，2个终端均可作为手部实现抓取功能。机械臂采用碳纤维和轻质铝材料，全长11.3 m，可达范围半径9.7 m，抓取精度5 mm，最快移动速度10 cm/s，发射质量为630 kg，可抓取最大质量为8 000 kg。图6为欧洲机械臂结构。

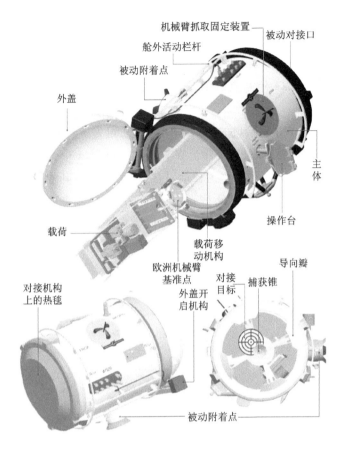

图 5　气闸舱结构

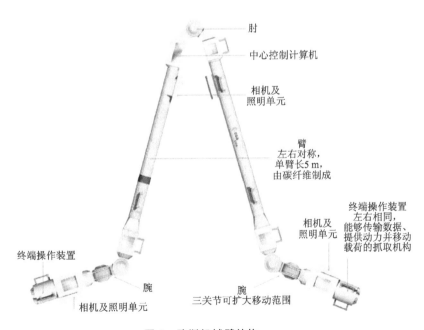

图 6　欧洲机械臂结构

（二）船坞号节点舱的相关系统

船坞号节点舱是国际空间站俄罗斯舱段的重要组成部分，于 2007 年提出计划，2011 年完成初步设计并获得批准，2014 年完成研制。由于科学号多功能实验舱研制进度多次推迟，船坞号节点舱转入封存状态。

船坞号节点舱为带有 6 个对接口的加压球形舱段，质量为 4 650 kg，长 4.91 m，直径 3.3 m，内部加压空间 19 m³，设计寿命超过 30 年。在 6 个对接口中，1 个为主动对接口（天顶方向），用于与国际空间站科学号对接，另 5 个为被动对接口，用于支持其他飞船、舱段等对接。船坞号节点舱安装在科学号多功能实验舱天底点，与曙光号、星辰号等舱段之间留出了足够空间，其他航天器对接时能够有效避免干扰。船坞号天底方向的对接口能够支持双向的燃料加注，并能够通过航向（Kurs）系统自动对接，同时配备了和平号空间站曾经使用的 Lyappa 小型机械臂，支持舱段/飞船转位操作。图 7 为船坞号节点舱结构。

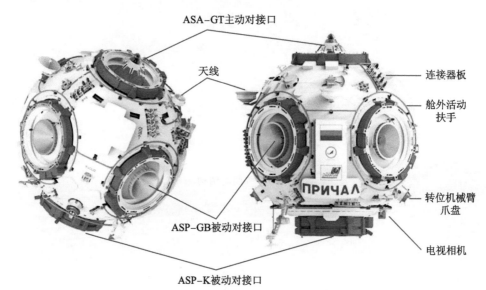

图 7　船坞号节点舱结构

在未来的标准任务中，联盟载人飞船优先对接于船坞号、破晓号，进步货运飞船优先对接于星辰号、搜索号。这是因为星辰号尾段存在轻微裂痕导致空气泄漏，平时需要尽可能关闭尾段舱门，如果对接联盟飞船将阻断乘员应急登船通道，且进步飞船对接在尾段有利于利用其主发动机对国际空间站进行轨道维持。同时，进步号也优先对接于搜索号，因为在船坞号离轨后，搜索号作为俄罗斯舱段的气闸舱，在太空行走过程中会排真空，联盟飞船对接其上后，紧急情况下不利于航天员撤离。

四、情况分析

（一）国际空间站规划与实际不完全匹配，俄罗斯舱段应用成效长期受限

俄罗斯参与国际空间站项目，在曙光号建造、联盟飞船座位等方面获得了美国的资金，保持了本国载人航天能力延续发展。但从俄罗斯舱段的发展路径看，1998—2001 年间主要部署了曙光号功能货舱、星辰号服务舱、船坞号对接舱，主要提供空间站运行所需基本功能；在 2009 年、2010 年才部署了搜索号、破晓号迷你研究舱，开展小规模在轨应用；科学号多功能实验舱由于经费、技术等原因，进度多次拖延，从原计划 2009 年发射推迟至 2021 年发射，距离国际空间站首个舱段部署达 23 年。在很长一段时间内，俄罗斯从事空间站建造和维护相关工作远多于在轨应用相关工作，取得效益相对有限。

（二）俄罗斯舱段全部扩建完成，在轨能力大幅提升

随着科学号多功能实验舱、船坞号节点舱的部署，国际空间站俄罗斯舱段的能力大幅提升。

在任务能力方面：一是航天员支持能力增强。科学号多功能实验舱为俄罗斯航天员增设了第三个铺位、第二个卫生间，此前由于缺乏工作和居住空间，俄罗斯若有 3 名航天员同时在轨则需要在美国舱段借宿，2017 年俄罗斯将在轨航天员数量从 3 人减至 2 人，科学号成功部署后极大改善了航天员在轨生活与工作条件；二是对接能力增强。为了支持联盟、进步飞船对接，满足任务重叠期间的对接需求，国际空间站俄罗斯舱段保持有 4 个对接口可用，船坞号节点舱部署后，俄罗斯标准的对接/停泊口数量增加至 8 个，能够进一步提升未来任务的灵活性。

在应用能力方面，国际空间站建造和运营期间，俄罗斯长期面临任务规模和应用规模不匹配的问题，承担了大量空间站建造和维护工作（任务人次数超过 40%），但开展在轨应用相对较少（实验项目数约 20%）。美国于 2001 年部署了命运号实验舱，欧洲、日本分别在 2008 年部署了哥伦布号、希望号实验舱；而俄罗斯则在 2009 年、2010 年部署了搜索号、破晓号迷你研究舱，但相关舱段规模较小，并非专用研究设施，兼具科学实验、对接、出舱等多种功能，限制了俄罗斯开展在轨实验的能力。新部署的科学号多功能实验舱内部及外部共设有 30 余个通用工位，将成为俄罗斯开展在轨实验的主要场所；科学号利用载荷气闸舱和欧洲机械臂，可以实现高度自动化操作，在舱内即可遥控操作开展舱外实验，大幅降低航天员执行出舱任务的必要性，显著提升空间站应用效率。

（三）国外着眼后国际空间站时代，提前进行布局

为了保持近地轨道载人航天活动连续性，美国积极寻求国际空间站进一步延寿，从 2024 年延长至 2030 年。俄罗斯最初积极开展国际空间站延寿研究，但自 2019 年星辰号服务舱空气泄漏事件发生后，俄罗斯在 2021 年 4 月提出由于舱段老化，计划 2025 年开始建造独立的俄罗斯轨道服务站。美国方面认为，此举是由于载人龙等商业载人飞船取得成功后，俄罗斯无法再通过向美国出售联盟飞船座位获得资金，因此以退出国际空间站计划作为筹码，让美国承担

未来空间站延寿的资金。

无论国际空间站延寿与否，国外均已着眼后国际空间站时代，开始提前研究和布局。俄罗斯提出建设轨道服务站以取代国际空间站，首个舱段为原先计划部署到国际空间站的科学-动力舱。美国方面，NASA 借鉴商业货运和商业载人服务的经验，支持商业空间站开发，提出了"商业近地轨道开发"（CLD）计划，第一阶段至 2025 年，支持多家公司开展商业空间站的初步设计，第二阶段预计于 2026 年启动，包括对商业空间站认证，以及通过采购服务的方式利用商业空间站资源。

（四）新舱段部署多次推迟、故障频发，俄罗斯航天工业管理问题严峻

在研制阶段，科学号发生多项问题，包括燃料管道中发现金属屑、金属屑扩散至燃料箱、燃料箱泄漏等，直接导致科学号多功能实验舱研制进度大幅推迟，从最早计划 2009 年发射多次推迟到 2021 年，船坞号在 2014 年完成研制后被迫长期封存。

在发射场测试阶段，科学号安装整流罩时，敏感器未包裹隔热材料，导致重新退回厂房。造成问题的主要原因是承包商之间协调不善，主承包商俄罗斯能源火箭与航天集团委托赫鲁尼切夫国家航天科研生产中心对火箭上升阶段进行热分析，分析结论提出需要对传感器进行热防护，但由于项目时间表多次变更，分析报告被工作人员放错位置，俄方并未制造和安装隔热装置。发现问题后，工程师利用现有隔热材料临时制作隔热包覆物。

在运行阶段，科学号发射后由于软件错误，高压燃料罐和低压燃料罐提前进行压力平衡，导致压力超过主发动机工作范围。科学号与国际空间站对接后，错误执行了指令，推进系统异常点火导致空间站姿态失稳。

事故、异常或问题发生在从研制到测试、再到运行的各个阶段，影响了舱段部署进度，并对系统运行、空间站安全带来了不利影响，折射出俄罗斯航天工业管理问题，质量形势较为严峻。

五、结束语

科学号多功能实验舱、船坞号节点舱发射后，不仅丰富了国际空间站俄罗斯舱段的实验设备，同时丰富了实验手段，大幅提升俄罗斯在轨应用能力。与此同时，在俄罗斯新舱段的研制和部署任务中存在诸多问题，包括科学号项目从立项到成功发射经历 20 余年，导致项目后期不断出现系统老化、零件过期等问题，造成大量的人力物力损耗；任务实施一波三折，在发射前发现关键敏感器件缺乏热防护，发射后出现数据异常，软件错误导致主发动机无法点火，对接后异常点火导致空间站翻转等。俄罗斯在项目管理、质量管控、应急处置等方面的经验教训值得借鉴与思考。

（北京空间科技信息研究所）

国外太空旅游最新发展分析

摘要：2021年国外太空旅游业务快速发展，太空船二号、新谢泼德系统相继搭载乘客进入亚轨道，亚轨道飞行正在从早期的试验性质逐步向商业性质转变；载人龙飞船完成首次无专业航天员参与的轨道飞行任务，将4位普通民众送入轨道，推动轨道旅游进入新发展阶段。

一、太空旅游进展概况

2021年，太空旅游取得重要突破，共实施8次亚轨道飞行任务，其中4次任务搭载乘客，世界进入亚轨道旅游"元年"；轨道旅游方面，载人龙飞船、联盟飞船均成功搭载游客进入轨道。

2021年7月11日，维珍银河公司在新墨西哥州的美洲航天港使用白骑士二号（White Knight Two）载机挂载太空船二号成功实现载人亚轨道飞行。从白骑士二号释放太空船二号到太空船二号着陆，整个过程持续约13 min。本次太空船二号载人飞行任务是维珍银河公司组织的第四次载人航天飞行，也是该公司获得私人太空飞行商业牌照后的首次飞行，搭载了2名驾驶员和4名乘客，其中包括公司创始人理查德·布兰森。

2021年7月20日，蓝色起源公司在西德克萨斯一号发射场利用新谢泼德系统成功实施首次载人亚轨道飞行，飞行过程持续约10 min。本次任务是新谢泼德系统的第16次飞行，也是其首次载人飞行，搭载了4名乘客，其中包括公司创始人兼世界首富杰夫·贝佐斯。2021年10月13日和12月11日，新谢泼德系统进行第二次、第三次载人飞行，分别将4名和6名乘客送入亚轨道。

2021年9月16日，SpaceX公司利用猎鹰9号运载火箭成功发射坚韧号载人龙飞船，将4位普通民众送入轨道，4位乘客3天后搭乘飞船返回。此次任务的代号为"激励4"，目的是开展首次无专业航天员参与的全平民轨道飞行任务。此外，2021年12月8日，俄罗斯利用联盟MS-20载人飞船将2名太空游客送往国际空间站（ISS），开展为期12天的任务。

二、各型载人系统情况

国外利用新谢泼德系统、太空船二号等亚轨道载人系统，以及载人龙飞船、联盟飞船等轨道载人系统开展太空旅游服务。由于联盟飞船为成熟的载人飞船，下面重点介绍新谢泼德系统、太空船二号和载人龙飞船。

（一）新谢泼德系统

新谢泼德系统是美国蓝色起源公司研制、完全可重复使用的商业亚轨道载人飞行器，系统根据美国首位开展亚轨道飞行并进入太空的航天员艾伦·谢泼德（Alan Shepard）命名。新谢泼德系统除了支持亚轨道旅游外,还能够提供有效载荷飞行机会,支持开展一系列有人参与的教育、研究、技术开发活动,同时能够支持航天员训练等活动。目前,蓝色起源公司已开展新谢泼德系统座位拍卖相关工作,后续蓝色起源公司计划逐步实施常态化商业亚轨道飞行。

1. 系统设计

蓝色起源公司于 2000 年成立不久后即开始乘员舱的设计工作,2010 年开始研制新谢泼德系统全尺寸样机,并于 2015 年完成研制。新谢泼德系统通过垂直起飞、垂直着陆方式发射和回收,采用冗余安全设计,能够完全自主飞行,不需地面控制和人员驾驶。系统由火箭和乘员舱两部分组成,全长 18 m,最大直径 3.8 m,最多能够搭载 6 名乘员,可将乘员、研究载荷等送至卡门线(100 km)以上,进入太空环境。图 1 为新谢泼德系统。

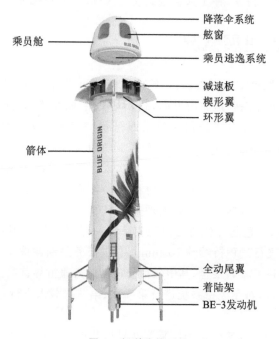

乘员舱 —— 降落伞系统
—— 舱窗
—— 乘员逃逸系统

—— 减速板
—— 楔形翼
—— 环形翼

箭体 ——

—— 全动尾翼
—— 着陆架
—— BE-3发动机

图 1　新谢泼德系统

(1) 火箭

新谢泼德系统的推进模块为一级火箭,由箭体、1 台 BE-3 发动机、全动尾翼、环形翼、楔形翼、减速板、着陆架等部分构成。

• 箭体:整体呈圆柱形,底部采用流线化处理,可以减小返回过程气流对设备影响,减小着陆时尾焰烧蚀。

• BE-3 发动机:抽气循环火箭发动机(从燃烧室抽取一部分热燃气引入涡轮,驱动燃料/氧化剂泵,为发动机泵送燃料),采用液氢液氧燃料,推力为 490 kN,最低可调节至 110 kN(节流能力 20%~100%),能够将火箭加速送入太空,并在返回时减速、悬停、定点着陆。

• 全动尾翼:在火箭上升阶段提供气动稳定性,在返回阶段参与制导控制,能够在最大 4 Ma 情况下工作。

• 环形翼:在火箭返回阶段提供气动稳定性;同时作为火箭和乘员舱的连接结构,在连接部分保持较好的气动外形;在紧急逃逸时,开口设计能够使乘员舱逃逸发动机的尾焰顺利排出,减少对箭体的破坏(通常飞船发射逃逸后,火箭构型改变、失稳自毁,而在 NS 2.5 发射逃逸试验中,乘员舱逃逸后,火箭继续上升并成功回收)。

• 楔形翼:收放式设计,发射时为收拢状态,减小气动阻力;在火箭返回过程中弹出,提供气动稳定性,减少火箭返回时的燃料消耗。

• 减速板:收放式设计,发射时为收拢状态,减小气动阻力;在火箭返回过程中从环形翼外侧打开,产生阻力实现减速,还能在低速状态下提供气动稳定性。

• 着陆架:收放式设计,发射时为收拢状态,火箭着陆前放下,提供着陆支撑。

(2)乘员舱

新谢泼德系统乘员舱为加压舱段,内部容积为 15 m³,能够为 6 名乘员提供舒适的环境,系统可完全自主运行,6 人均为乘客,无须驾驶员。每个座位均设在舷窗边,可以在整个飞行过程获得宽阔的视域。图 2 为乘员舱内部视图。

图 2　乘员舱内部视图

• 舷窗:在所有进入太空的航天器中,新谢泼德系统乘员舱拥有最大的舷窗,尺寸为 107 cm×71 cm。

• 座椅:通过 5 个点固定乘员身体;倾斜安装,支持乘员承受较大过载;具有一定缓冲能力,在异常着陆情况下能够吸收冲击。

• 降落伞系统:乘员舱配备了 3 具减速伞和 3 具主伞,系统具备冗余,在 1 具主伞失效的情况下也能保证安全返回。

• 着陆反推系统:乘员舱底部配备了反推系统,着陆时反推产生气垫,实现以不到 0.5 m/s 的速度软着陆。

• 乘员逃逸系统:乘员舱逃逸固体火箭发动机(CCE - SRM)由航空喷气-洛克达因公司研制,确保任务全过程具备逃逸能力,紧急情况下产生 311 kN 推力,将乘员舱推离火箭。系统进行了 3 次试验,分别是发射台逃逸、飞行中(最大动压)逃逸、真空环境逃逸,均取得成功,证明乘员逃逸系统能够在任意飞行阶段安全启动。

• 其他:乘员舱内还设置了舱内把手,辅助乘员在微重力环境中移动;安装了飞行信息显示屏,能够显示系统重要参数。

2. 典型任务飞行方案

蓝色起源公司已经利用 4 套火箭和 3 套乘员舱连续成功完成了 18 次飞行任务,其典型的飞行方案如下。

新谢泼德系统整个飞行过程持续约 10 min,系统从西德克萨斯一号发射场升空,有动力飞行约 140 s 后发动机关机,随后依靠惯性继续向上飞行,15 s 后乘员舱与火箭分离,系统到达 105.9 km 的最大高度后开始下降。火箭着陆前 20 s 发动机重新点火减速,垂直着陆在距离发射台不远的着陆台上。乘员舱再入大气层后,利用降落伞减速,并着陆在发射点附近。

在起飞阶段,新谢泼德系统在尾翼控制下,保持 2~3°/s 的角速度滚转,从而使舱内乘员每 2~3 min 获得 360°的视角;发射过程的最大过载约 3.5 g,微重力飞行时间持续 3~4 min,能够使乘员获得良好的观光体验。图 3 为新谢泼德系统典型任务剖面。

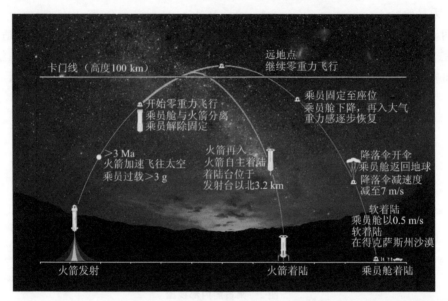

图 3　新谢泼德系统典型任务剖面

（二）太空船二号

太空船二号是斯卡尔德复合材料公司和维珍银河公司合作研制的亚轨道载人飞行器。美国斯卡尔德复合材料公司于 2004 年设计并制造了太空船一号原型机,完成了首次亚轨道飞行。随后,维珍银河公司与斯卡尔德复合材料公司合作,向其购买放大版的太空船二号。

1. 系统设计

维珍银河公司使用的亚轨道载人飞行系统由白骑士二号载机和太空船二号亚轨道飞行器组成。

（1）载机

白骑士二号载机是定制的四发动机、双机身喷气式飞机。系统采用双机身构型,主机翼为单体碳复合材料,配备 4 台喷气发动机,双尾桁构型使双机身之间有宽敞的区域用于挂载太空船二号亚轨道飞行器或发射器一号(LauncherOne)小型运载火箭。

白骑士二号全长 24 m,翼展 43 m,安装 4 台加拿大普拉特·惠特尼公司 PW308 涡扇发动机,每台推力 30.69 kN,系统最大升限 21 000 m,设计能够携带 17 000 kg 的有效载荷至15 000 m 高度,或携带发射器一号火箭进行安全、高效的空射,将 200 kg 卫星送入近地轨道。运行过程中,能够搭载 2 名驾驶员,另可搭载太空船系统的飞行乘组及亚轨道旅游乘客进行训练。图 4 为白骑士二号载机。

图 4 白骑士二号载机

（2）亚轨道飞行器

太空船二号是专为旅游设计的空射型有翼亚轨道飞行器,除了混合火箭发动机在每次飞行后需替换外,其余部分均可重复使用,继承了太空船一号的技术。

太空船二号整体构型为小展弦比载人亚轨道飞行器,全长 18.3 m,翼展 8.3 m,高 5.5 m,乘员舱长 3.7 m,直径为 2.3 m,质量为 9 740 kg,设计最大飞行高度近 110 km,使用单台固液混合火箭发动机,最大飞行速度可达 4 000 km/h(3.26 Ma)。太空船二号设计能够以任何角度再入大气层,采用羽状再入系统,适用于较低再入速度情况。图 5 为太空船二号结构。

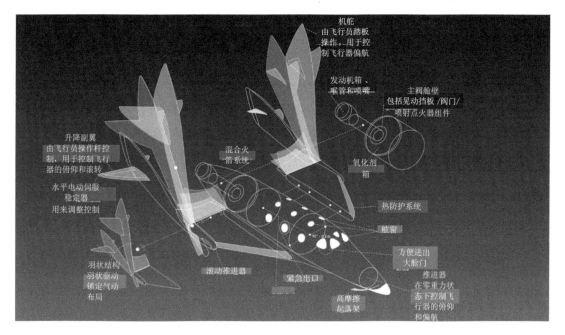

图 5 太空船二号结构

太空船二号最多可搭载 8 人(包括 2 名驾驶员),安装有直径 43 cm 和 33 cm 两种尺寸的舱窗以便乘客观景,所有座椅可在着陆过程中向后倾斜,减少再入过载引起的不适。

2. 典型任务飞行方案

以太空船二号搭载 4 名乘客的"团结 22"（Unity 22）任务为例，从载机起飞到亚轨道飞行器降落共耗时约 58 min。白骑士二号起飞 45 min 后，太空船二号在 13 700 m 高度与载机分离，随后固液混合火箭发动机点火，系统最高速度达 3 Ma，约 60 s 后太空船二号沿亚轨道上升至 85.9 km 的最大高度，随后开始下降，最终太空船二号滑翔降落在航天港跑道上。图 6 为太空船二号飞行路径任务示意。

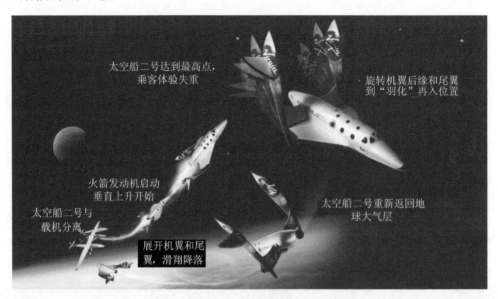

图 6　太空船二号飞行路径任务示意

（三）载人龙飞船

载人龙飞船是美国政府资助、SpaceX 公司研制的新一代载人飞船，具有可重复使用、乘员运输能力强、内部空间大、操作友好等特点，能够执行低成本、业务化的近地轨道载人航天飞行任务。

1. 系统设计

载人龙飞船采用两舱段设计方案，包括乘员舱和非密封舱两部分。飞船设计最多可搭载 7 名航天员，独立飞行时可工作 1 周，对接状态下可工作 210 天。飞船直径为 4 m，高度为 8.1 m，加压容积达 9.3 m^3，非加压容积达 37 m^3，发射质量超过 12 000 kg，上行载荷能力为 6 000 kg，下行载荷能力为 3 000 kg，处理废弃物 800 kg。

为执行此次任务，载人龙飞船的一项重要改进是将原先对接机构更换为单体式玻璃穹顶，这也是历史上入轨的最大单体式视窗，能够在飞船头部获得 360°视角。后续任务中，穹顶能够快速移除，更换为对接机构，应用于国际空间站对接任务。由于飞船头部配置了 4 台"天龙"（Draco）发动机，为保护玻璃穹顶不受发动机点火影响，在其外部安装了 4 组防热瓦。图 7 为载人龙飞船和玻璃穹顶特写。

2. 典型任务飞行方案

在载人龙飞船典型任务中，猎鹰 9 号运载火箭按照 NASA 和 SpaceX 公司确定的操作程

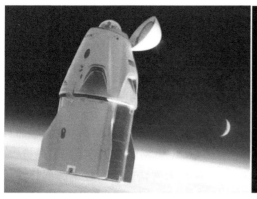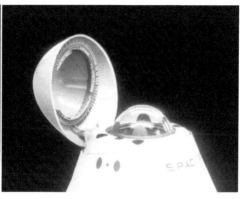

图7 载人龙飞船和玻璃穹顶特写

序在零发射窗口点火,将载人龙飞船送入预定轨道,并实现运载火箭第一级的海上垂直回收。在自由飞行任务中,载人龙飞船入轨后,乘员按计划开展各项任务,观光和生活数天。随后,进行轨道机动,将星下点轨迹与着陆区对准;之后飞船抛掉非密封舱以减轻离轨点火时的质量,乘员舱进行离轨点火,再入地球大气层,溅落在佛罗里达州附近的海面上。SpaceX公司的回收船将迅速回收飞船,接回航天员,返回卡纳维拉尔角。

三、任务特点分析

(一) 美国出台系列政策法规,促进太空旅游快速有序发展

美国在20世纪80年代即开始通过法律和政策引导航天部门拓展商业航天市场,以期降低成本、加快技术创新、提高航天任务效率。美国现行的《国家航天政策》中确定了商业航天的发展方针,通过采购、体制创新来推动商业航天的发展。NASA也在2019年发布了《NASA近地轨道商业开发计划》,明确提出扩大对国际空间站的商业应用,发展私人航天员任务,开展抛物线飞行、亚轨道飞行等多种形式的任务,加速近地轨道太空经济发展。

除了政策支持外,美国还对太空旅游业务进行规范化管理。《联邦法规》第14篇第3章规定,从美国本土发射付费乘客的公司,必须获得联邦航空管理局商业航天运输办公室(FAA/AST)的许可,并确保公共安全和财产安全。墨西哥州立法机关通过了《航天飞行知情同意法》,参与者需签署知情同意书,运营商不承担因固有风险导致死亡的责任,以此为商业航天飞行公司提供法律保护。

(二) 商业太空旅游进入快速发展阶段

自1961年人类首次进入太空以来,载人航天经过了60年的发展,主要活动范围是近地轨道和地月空间,部分为亚轨道飞行试验。截至2021年底,世界总共实施352次载人飞行任务,其中包括26次亚轨道载人飞行;总计有598人进入80 km以上的太空,其中585人进入100 km以上的太空,574人进入地球轨道。

随着航天技术不断发展成熟,商业航天迅猛发展,亚轨道飞行也从早期的试验性质逐步向商业性质发展。2000年以来,维珍银河公司的太空船一号、太空船二号,蓝色起源公司的新谢

泼德系统等商业亚轨道载人系统接连开展无人或载人飞行,系统逐步发展成熟,并计划不久后投入正式的商业服务。轨道飞行从政府任务向商业任务拓展。21世纪初,联盟飞船开展了8次太空旅游任务,随着航天飞机退役,国际空间站乘员运输能力紧张,太空旅游暂停。时隔12年后,载人龙飞船、联盟飞船再次开启商业旅游服务。太空旅游已经进入快速发展的新时期。

(三)亚轨道飞行应用广泛,是搭载载荷的良好平台

以新谢泼德系统、太空船二号为代表的亚轨道系统除了能够搭载乘客外,还能够为科学实验和技术试验载荷提供飞行机会。NASA航天技术任务部(STMD)支持实施了"飞行机会"计划,旨在使具有前景的航天技术得到快速演示和试验,提升未来任务所需技术的成熟度。

新谢泼德系统是NASA"飞行机会"计划采用的可重复使用亚轨道火箭(RLV)之一,自2016年开始为NASA和高校提供载荷搭载机会,目前已累计搭载超过100个载荷。新谢泼德系统上设置了标准的载荷机柜,拆除座位后可安装到乘员舱内的对应位置,飞行中还可支持有人参与的实验。此外,火箭部分也可搭载非加压载荷,开展真空环境下实验。

亚轨道环境处于太空的边缘,具备类似太空的部分属性,包括微重力条件、再入条件、着陆条件、高层太阳暴露、辐射、极限温度、真空、强烈的航天器振动等。在亚轨道系统上开展飞行试验,能够使技术从地面实验室环境转移到类似太空的环境,验证技术可行性,降低未来航天任务的成本和风险。

(四)亚轨道飞行器技术难度远小于轨道飞行器

目前,SpaceX公司的载人龙飞船、蓝色起源公司的新谢泼德系统、维珍银河公司的太空船二号等三型商业系统能够将乘员送入太空,其中,载人龙飞船能够入轨,而新谢泼德系统、太空船二号只能进行亚轨道飞行。图8为提供服务的商业载人系统对比。

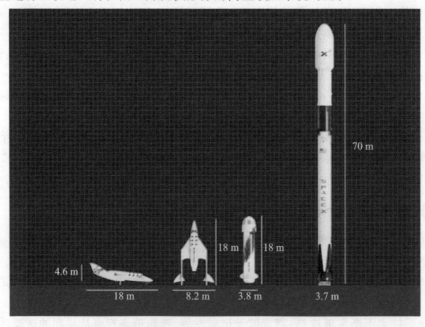

图8　提供服务的商业载人系统对比

亚轨道飞行器主要飞行范围在距离地面 100 km 左右,飞行剖面为直上直下式,最大上升速度约 1 km/s,水平速度很小,着陆点距离发射点不远。而轨道飞行器入轨高度通常在 200 km 以上,除了需要出地球大气层外,水平速度还需要达到约 7.8 km/s 以维持轨道飞行。以猎鹰 9 号火箭和载人龙飞船为代表的轨道飞行器在系统规模、技术难度等方面远大于亚轨道飞行器。

(五)商业太空旅游竞争激烈,发展模式更加创新

当前,近地轨道载人航天活动仍主要面向政府用户,而亚轨道旅游则是直接面向公众客户,其竞争更加激烈。蓝色起源公司创始人兼世界首富贝佐斯搭乘新谢泼德系统开展首飞,得到了全球的关注,其广告效应巨大,为树立客户信心、赢得后续订单起到了重要的作用。维珍银河公司的太空船二号与新谢泼德系统面向同一市场和用户群体。在蓝色起源公司公布 2021 年 7 月 20 日载人首飞,纪念人类首次登月的情况下,为竞争市场份额,维珍银河公司创始人理查德·布兰森抢先于 7 月 11 日搭乘太空船二号体验亚轨道飞行,借蓝色起源公司热度对自身业务进行营销,取得良好的效果。

在报价方面,太空船二号每座约 45 万美元,计划最早于 2022 年转入常态化商业运营;蓝色起源公司尚未公布标准报价,目前仍采用拍卖的方式出售首批座位,首个座位以 2 800 万美元卖出,远远高于太空船二号报价,已接近轨道飞行任务的价格,后续蓝色起源公司或将以更合理的价格推出常态化乘员/载荷搭载服务,竞争亚轨道旅游市场。除了价格外,优化服务和体验也是重要的竞争点,蓝色起源公司新谢泼德系统通过超大舷窗、有人参与的实验等亮点吸引用户,太空船二号以空天结合的飞行体验作为自身特色。在激烈的竞争中,不断创新发展模式、优化服务已经成为重要的发展方向。

四、结束语

以载人龙飞船、新谢泼德系统、太空船二号为代表的多型轨道飞行器、亚轨道飞行器逐渐发展成熟,投入常态化应用,太空旅游业务迎来快速发展期。这些系统除了开展旅游业务外,还为科学实验和技术试验载荷提供了飞行机会,加快创新系统技术的研发。未来,随着各系统商业服务能力不断提升,太空旅游业务有望进入快速发展时期,成为世界载人航天的重要组成部分。太空旅游将为推动载人航天可持续发展、促进太空经济增长做出重要贡献。

(北京空间科技信息研究所)

国际空间站应用模式研究

摘要： 本节以国际空间站(ISS)为主要研究对象，系统梳理国际空间站的应用模式，包括管理体系、计划与遴选方式、集成流程、成果推广等，以提供参考和借鉴。

一、应用管理体系研究

国际空间站的应用管理体系，包括计划管理和应用管理。美国、俄罗斯以及欧洲航天组织均构建规范的应用管理机构，主要分为三大部分，分别为顶层协调管理部门、计划与遴选管理部门以及应用运行管理部门。其中，顶层协调管理部门负责汇总各方的需求，对这些需求进行优先顺序排序，然后提交运行管理部门执行；计划与遴选管理部门可以认为是项目出资方与研制方的对接部门，负责制定计划、发布指南并遴选项目；应用运行管理部门则负责实现有效载荷的集成、运行管理等，是国际空间站与用户之间的连接部门。表1为国际空间站应用管理体系设置。

表1 国际空间站应用管理体系设置

体系	机构	国家		欧洲(航天组织)
		美国	俄罗斯	
计划管理	国际空间站管理部门	NASA载人探索和运行任务部：政策法案、系统建设、采购管理、经费管理等	载人航天项目部：政策法案、采购管理、经费管理、国际合作	载人飞行、微重力和探索计划委员会：计划决策和咨询
应用管理	顶层协调管理部门	NASA的国际空间站载荷办公室：汇总各方应用需求并进行排序(不包含俄罗斯舱段的应用)		
	计划与遴选管理部门	NASA的国际空间站技术验证办公室：管理NASA载人探索和运行任务部、科学任务部以及国防部资助的应用	科学技术咨询委员会：包含集团和科学院，负责应用筛选、批准、审查、评估	载人空间飞行和运行部：应用的行政管理
		空间科学促进中心：统管"国家实验室"的应用(其他政府机构以及商业资助的应用)		
	应用运行管理部门	马歇尔太空飞行中心的有效载荷运营集成中心：负责有效载荷运行管理、集成和控制，协调国际合作伙伴，信息中继中心	—	"哥伦布"控制中心：与马歇尔协调运营，欧洲信息中继中心
		格伦国际空间站有效载荷运行中心：为格伦研究中心实验提供全天候的运行支持		用户支持和运行中心：使用和实施应用，用户操作

（一）顶层协调管理部门

国际空间站涉及多国合作且参与方众多，因此美国国家航空航天局（NASA）在顶层设立了专门的载荷办公室，负责汇总国家实验室非营利组织、美国政府组织（包括 NASA 及其他政府机构）及国际合作者的实验研究需求，对这些需求进行优先级排序，并交由新增计划经理形成应用规划，作为应用运行管理部门的输入。

（二）计划与遴选管理部门

美国、俄罗斯以及欧洲航天组织的国际空间站应用计划与遴选管理部门分别为 NASA、俄罗斯科学技术咨询委员会以及载人空间飞行和运行部，负责制订各自的应用计划、定期发布指南并召集专家对征集的项目进行评估。美国还将国际空间站美国舱段设立为国家实验室，使其广泛服务于美国政府部门、学术界和私人机构。为促进国家实验室的管理、充分挖掘和扩展受众，NASA 组织成立了空间科学促进中心作为唯一的实验项目管理方，负责非 NASA 应用项目的管理。

（三）应用运行管理部门

载荷集成和运行管理由应用运行管理部门负责，NASA 马歇尔航天飞行中心的有效载荷运营集成中心统管国际空间站美国舱段有效载荷运行管理，是国际空间站应用信息的中继中心；"哥伦布"控制中心则与马歇尔太空飞行中心协调运营欧洲部分载荷，是欧洲国际空间站应用信息的中继中心。由于国际空间站应用广泛，涉及生物、医药、物理、化学等多个基础学科，美国和欧洲航天组织都分别设立了多个有效载荷运营中心支持用户操作，为不同的应用提供运行支持。

二、应用计划与遴选研究

国际空间站美国舱段由 NASA 统一管理，NASA 将美国舱段开展的应用按照经费来源分为 NASA 内部研究、国家实验室研究以及国际合作伙伴研究，而应用征集与遴选则是不同研究由不同部门制订相关计划、发布指南并组织遴选。表 2 为空间站应用规划/指南的制定以及项目的选择。

（一）NASA 内部研究

NASA 首先考虑的是保障其内部的应用需求，然后再将多余的能力交由空间科学促进中心进行管理。NASA 内部研究由载人探索和运行任务部指导，国际空间站计划办公室管理，由人体健康研究、技术验证、物理和科学研究计划支持，主要由 NASA 下属各中心具体开展。内部应用需求主要为未来载人深空探索奠定基础，包括人体健康研究以及技术验证计划。由于 NASA 内部需求有着明确的目标，因此 NASA 制定了顶层的长远规划，以指导后续的指南发布和项目遴选。NASA 针对人体健康研究和技术验证开展了长期规划，创建了"降低风险的综合途径"和"国际空间站技术验证计划"，用于指导 NASA 内部研究机会公告（AO）的制定。NASA 不同的部门分别发布对应领域的机会公告，机会公告发布在 NASA 征集和提案综合审查评估系统（NSPIRES），并使用同行评审程序评估和选择针对这些研究公告提交的研究提案。

表2　空间站应用规划/指南的制定以及项目的选择

一级分类	二级分类	负责部门	制定规划方式/结果	遴选方式
NASA内部研究	人体研究	NASA载人探索与运行任务部	创建了"降低风险的综合途径",列出了需要在国际空间站进行研究的风险以及里程碑	AO选择,在NASA征集和提案综合审查评估系统发布,研究团队提出提案,经过同行评审之后形成研究计划,评审包括科学和技术价值评审(科学层面)、可行性评审(工程层面)
	技术验证	NASA空间技术任务部	创建了"国际空间站技术验证计划",列出了实现长期太空飞行的能力差距以及计划的技术验证	
	物理和科学研究	NASA载人探索与运行任务部、科学任务部	NASA制定相应的机会公告(AO)	
国家实验室研究	应标模式	空间科学促进中心	空间科学促进中心的科学咨询委员会确定重点空间研究路径,并提交首席科学家通过,最终于互联网上发布重点支持的研究领域	
			根据空间科研创新的潜在需求方提出的需求发布指南	
	非应标模式		领域不受任何限制,尤其适合于非传统性、有独特创新价值的商业性项目	需要较高的自筹资金比例,同样需要经过可行性、科学、经济价值评审、风险与合规性审核等
国际合作伙伴	欧洲应用计划	欧洲航天局	欧洲太空生命和物理科学计划,圈定研究范围	AO选择

（二）国家实验室研究

由空间科学促进中心管理的国家实验室负责政府其他机构资助的研究、非营利性研究以及获得商业资助的研究,以充分利用NASA无法利用的资源(大约为美国可用资源的一半)。选择空间科学促进中心的重要原因是,NASA认为其自身类似于政府部门的管理模式,很难充分发掘和拓展受众,难以发挥国际空间站的应用潜力。

空间科学促进中心不仅受到NASA的资助,还从其他渠道获得资助,这些费用主要用于负担应用部分的费用,NASA仍承担载荷集成、轨道运输和空间站上资源的成本。空间科学促进中心管理的项目缺乏明确的总体目标(如果资助方明确了需求,按照该需求征集项目),因此没有长远的规划,主要依靠长期的考察以及科学委员会确定优先领域之后征集相关项目,同时也为自下而上提交非应标项目提供了途径。2018年,空间科学促进中心已改名为国际空间站国家实验室,以确保其工作与NASA的近地轨道商业化战略保持一致。

（三）国际合作伙伴研究

国际合作伙伴研究分别由其相关的运管中心负责管理，俄罗斯以及欧洲航天组织主要由航天局对应的计划支持相关项目，由一个部门制定规划并遴选项目。其中，欧洲航天组织设立了"欧洲太空生命和物理科学研究计划"（ELIPS），在顶层约束了重点关注领域，提供了应用研究的大框架，包括基础物理学、人类生理学、新合金、植物等，征集项目提案之后再进行遴选。

（四）应用征集与遴选

国际空间站应用的征集与遴选主要按照机会公告程序进行申请和选择。机会公告不仅是选择和采购的过程，也属于计划系统。机会公告的第一步是确定公告，即计划开展哪些类别的研究，之后通过同行评审等过程选择出应用。机会公告的形成实质上是制定规划的过程，是在长期规划的指导下，综合可利用资源、科学研究需求等要素确定的。此外，国际空间站应用还有其他形式，例如内部研究产生的、NASA与外部实体之间合作开展的项目等，但能采用机会公告程序时通常不选择其他的程序。

机会公告的内容包括项目的阐述、工作分解、经费预算、所需设备和条件等。除应用目标由应用专家委员会进行评审外，有效载荷还必须满足国际空间站的一系列认证要求。评审主要包括科学和技术价值评审，以及可行性评审，即从科学和工程两个角度分别评审，评审要素可以进一步细分为科学价值、经济价值、可操作性、风险与合规性等。图1为国际空间站应用计划与遴选。

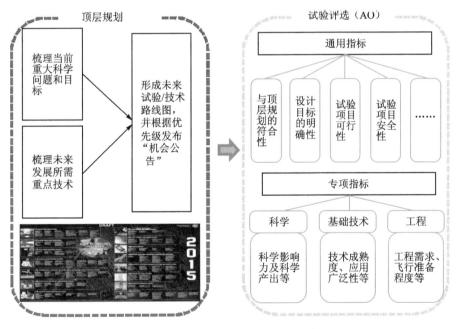

图1 国际空间站应用计划与遴选

三、应用集成流程研究

有效载荷"集成"不是指地面集成或装配，而是指从有效载荷论证、研制到随国际空间站飞行,这个过程被称为"集成到'国际空间站'"(ISS Integration)或"集成"(Integration)。综合美国、俄罗斯以及欧洲航天组织的应用集成流程可以看出,整个过程可以大体分为三个阶段,分别为论证阶段、研制阶段、实验和总结阶段。图 2 为国际空间站应用集成流程。

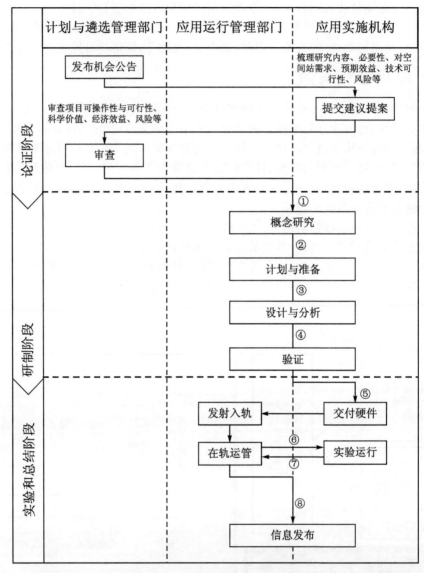

注:①建立渠道,签订协议,设立有效载荷集成经理,提出空间站要求,建立研究计划等;
②完成安全审核,制定要求,确定测试设施需求,提供操作约束和载荷就绪时间;
③确定乘组人员培训需求,完成初步设计审查;
④测试并将验证数据提交管理部门,更新操作计划等,接受操作控制台培训,对乘组人员进行培训,提供地面设施需求;
⑤提供运营和计划的最终输入;
⑥信息中继;
⑦协作;
⑧硬件返回及后续处理、数据归档、发布实验信息、分享科学成果、发表文章。

图 2　国际空间站应用集成流程

（一）论证阶段

论证阶段主要是梳理应用的研究内容、在空间站开展的必要性、对于空间站的需求、预期效益、技术可行性、风险等。该阶段形成的项目建议报告由应用管理部门组织进行审查,评审的内容包括可操作性与可行性、科学价值、经济效益、风险等,入选的项目将进入研制阶段。这一阶段对应上述的应用计划与遴选研究。

（二）研制阶段

研制阶段主要是与应用运行管理部门共同合作,完善应用的设计,进行有效载荷的研制、地面试验与航天员培训,做好地面准备工作等。第一步为概念研究,实现应用实施机构与应用运行管理部门的对接,双方明确对方的初步要求,并确认进度表;第二步为计划与准备,进一步明确具体的要求,确认载荷就绪时间;第三步为设计与分析,基于上述要求使设计成熟,预知后续制造和验证的风险;第四步为验证,在完成研制后开展验证,保障可操作性和安全性等,为运输做好准备。

（三）实验和总结阶段

实验和总结阶段则是应用的研制团队与应用运行管理部门协同合作,指导完成在轨实验任务,完成数据的收集和传递,并形成研究成果、归档和发布实验相关信息、形成经验教训总结报告等。第一步为交付,即采用运载火箭将应用交付至国际空间站;第二步为在轨应用,即在国际空间站实施研究;第三步为总结及信息发布,涉及应用返回、收集数据、发表成果等。

四、应用成果推广研究

NASA 针对国际空间站获得的科学实验与技术试验成果,建立了系统化的信息管理与推广流程。面向公众的信息分享手段包括网站宣传、空间站科学数据库、航天员交流推广活动、社交媒体、手机 APP、纪录片、展览活动等;面向学术界的信息分享手段,包括建立科学家官方推特及博客、对应用转化进行跟踪报道、制定研究者指导文件等;面向国际合作伙伴的信息分享主要是通过会议活动和文献出版等;面向 NASA 内部的信息分享主要是向管理者展示、组织教育培训、进行展示和专题研讨会等。同时,NASA 注重航天技术的应用以及成果转化和推广,这既能促进航天技术的发展,也能将航天技术很好地融入社会、经济、科技发展,获取公众和社会对航天的认识、认可、热爱和支持。图 3 为国际空间站应用成果推广。

NASA 在应用成效评价方面,主要通过发布《国际空间站:造福人类》系列报告,梳理空间站应用成效。NASA 至今已发布三版《国际空间站:造福人类》报告,总结空间站为医疗、灾害响应、创新技术、教育和太空经济开发等各方面带来的福音。此外,NASA 每年都会出台《NASA 技术成果转化》(NASA Spinoff)报告,从健康与医疗、运输、公共安全、消费品、能源与环境、信息技术、工业生产率等七方面总结 NASA 当年技术、成果转化以及效益。

NASA内部（非公开）：
向NASA管理者展示科学研究的内容和相关数据
训练NASA雇员如何分享科学信息
对科学试验的数据进行统计和分析，形成公开报道
在展示和专题研讨会上分享，引领新的想法和机会

国际合作伙伴（部分公开）：
通过专门的展示和公开出版物向国际合作伙伴提供信息

学术界（全面公开）：
NASA 官网上提供更专业的信息
针对科学结果进行跟踪、汇集相关出版物
为研究者提供指导文件
出版《国际空间站：造福人类》

公众（全面公开）：
NASA官网宣传→CNN等公众媒体宣传
构建空间站试验数据库
Facebook等社交媒体的官方账号宣传
开展公开交流事件、航天员交流活动
开发国际空间站研究探索者APP
制作记录片和视频用于公众交流
在NASA中心和游客中心召开展览

图 3　国际空间站应用成果推广

（北京空间科技信息研究所）

国外载人深空探索辐射风险研究

摘要： 空间辐射不仅会对人的中枢神经系统(CNS)产生影响，还可能导致非癌性或非中枢神经系统的退行性组织疾病。为此，美国国家航空航天局(NASA)正在加大相关研究工作力度，力图了解更多空间辐射风险知识，量化风险，并降低空间辐射风险评估的不确定性，以保证载人深空探索任务的安全和乘员的健康。

一、引言

星际空间中的多数粒子源自产生恒定通量低能粒子的太阳风，但是，间歇出现的危险"太阳粒子事件"(SPE)会产生大量的高能质子和少量的重离子，其中高能质子会对航天员和飞船造成重大的辐射伤害。此外，航天员还会遭遇"银河宇宙射线"(GCR)的辐射，该射线来自太阳系以外的银河系高能粒子，主要由高能质子构成(87%)。经研究人员预测，在为期3年的火星任务期间，一名航天员全身接受的总照射剂量约为 $300 \sim 450$ mGy 或 $1 \sim 1.3$ Sv；如果遭遇"太阳粒子事件"，这些数值还会增加。为此，NASA 正在加快研究工作进度，力图解决载人深空探索的主要风险——空间辐射。

空间辐射不仅会对人的中枢神经系统产生影响，还可能导致非癌性或非中枢神经系统的退行性组织疾病，例如心血管疾病、白内障、呼吸系统疾病和消化系统疾病。空间辐射及其协同效应亦可造成 DNA 损伤、持续氧化应激、慢性炎症并加速组织老化和退化，进而导致器官组织发生急性和慢性疾病。深空探索任务飞行持续时间长，遭遇"太阳粒子事件"的概率增加，当发生大型"太阳粒子事件"时，还可能引起急性辐射综合征(ARS)，对任务或乘组生命造成影响。

二、载人深空探索辐射风险的主要研究方向

GCR 将是航天员执行重返月球和未来火星任务时面临的重大健康和工作能力挑战。

当前，辐射领域重点关注技术开发，以实现在自由空间辐射环境中延长载人航天任务期限（根据任务不同，期限为 $100 \sim 1000$ 天），同时将空间辐射维持在允许辐射限值以下。为了实现延长航天员任务期限这一目标，不仅需要提高人们对风险的认知，采取一种利用屏蔽策略和生物学对抗措施的综合优化方案，还要能做好辐射环境的预报和监测工作。因此，需要推进的主要辐射防护技术包括：

1) 辐射评估和风险建模：该领域重点是开发相关工具，对航天员空间辐射照射所承受的风险进行评估、量化并降低不确定性，同时改进深空探索任务的运营、规划和系统设计工作。

2) 辐射减缓和生物学对抗措施：该领域重点是制定生物学对抗措施，可以最大程度减少

或防止由于空间辐射造成的身体、认知和行为障碍,而不产生任何有害/副作用和人员伤亡。

3)防护系统:该领域重点是通过利用创新设计、先进材料、轻型结构和原位资源,实现被动或主动屏蔽。

4)空间天气预报:该领域重点是推进太阳质子事件预报和警报系统的改进工作,最大程度降低不受地球磁场保护的任务项目的作业限制。

5)监测技术:该领域重点是建立原型和推进成熟度,将辐射测量技术小型化,并将现有平台作为综合航天器系统对这些技术进行验证。

三、NASA 现行的允许照射限值

2014 年,NASA 首席健康和医疗官已经批准了用于短期和职业航天员暴露于空间辐射的允许照射限值,制定了任务设计和乘组选拔的要求与标准。表 1 为短期和职业生涯非癌性效应的剂量限值,表 2 为晶状体、皮肤、BFO 和循环系统非癌性效应的 RBE,均直接选自 NASA - STD - 3001 第一卷修订本 A(NASA,2014),表中列出了非癌性效应的现有短期和长期允许照射限值(PEL)和相关"相对生物学效应"(RBE)值。现有 PEL 是根据美国国家辐射防护和测量委员会(NCRP)制定的 NCRP 2000 的推荐而制定的,其标准定义了低于引起临床显著效应的照射阈值。然而,国际放射防护委员会(ICRP)又重新定义了阈值剂量的概念,把该剂量定义为引起 1% 可观测效应所需的剂量(ICRP 2007 和 2012)。ICRP 2012 还提供了较新的证据,同时,基于地面辐射照射引起的白内障和心血管效应提出了更低的阈值,把先前 2 Gy 的阈值降至 0.5 Gy。美国国家辐射防护和测量委员会在其第 23 号评审文件中对 PEL 推荐值进行了再次更新(NCRP,2014),但并不为深空探索任务推荐任何具体的辐射防护限值。

表 1 短期和职业生涯非癌性效应的剂量限值
(NASA - STD - 3001,修订本 A)

器 官	30 -天限值	1 -年限值	职业生涯
晶状体 *	1 000 mGy - Eq	2 000 mGy - Eq	4 000 mGy - Eq
皮肤	1 500 mGy - Eq	3 000 mGy - Eq	6 000 mGy - Eq
BFO(造血器官)	250 mGy - Eq	500 mGy - Eq	不适用
心脏 **	250 mGy - Eq	500 mGy - Eq	1 000 mGy - Eq
CNS ***	500 mGy	1 000 mGy	1 500 mGy
CNS ***(Z ≥ 10)	-	100 mGy	250 mGy

* 晶状体限值旨在防止发生早期(<5 年)的严重白内障,例如"太阳粒子事件"引起的白内障。
  更低剂量的宇宙射线也可能引起亚临床白内障,这种白内障经过长潜伏期(>5 年)后可发展
  为严重白内障,而且,现有缓解措施无法预防。但是,这种白内障被视为可接受风险。

** 心脏剂量限值是按照心肌和邻近动脉的平均值计算得出的。

*** CNS 限值按照海马体计算。

表 2　晶状体、皮肤、BFO 和循环系统非癌性效应的 RBE *

（NASA - STD - 3001，修订本 A）

辐射型	推荐的 RBE **	范　围
1～5 MeV 中子	6.0	（4～8）
5～50 MeV 中子	3.5	（2～5）
重离子	2.5 ***	（1～4）
质子＞2 MeV	1.5	——

* 远后确定性效应的 RBE 值高于某些组织中早期效应的 RBE 值，而且
受确定 RBE 所用剂量的影响。

** 用于确定能量小于 1 MeV 或大于 25 MeV 中子引起的早期或远后效
应的 RBE 值数据不足。

*** Z＞18 离子引起的组织效应数据很少，但铁离子（Z＝26）的 RBE 值
可与氩（Z＝18）的 RBE 值相比。眼睛晶状体的白内障可能是一个
例外，因为已经有报告称小鼠中白内障的 RBE 值高。

2019 年，为了更新空间辐射标准，空间辐射研究项目向 NASA 载人系统风险委员会递交了一份信息通报，内容是 30 天和 1 年造血器官（BFO）与皮肤的空间辐射允许照射限值。根据美国国家航天生物医学研究所（NSBRI）的中枢神经急性辐射研究（CARR）计划，提出者提供了“太阳粒子事件”引起的急性辐射风险的最新研究结果。具体来说，他们集中研究当前流行的 250 mGy - Eq PEL 对造血器官的影响和 1500 mGy - Eq PEL 对皮肤的影响。这些限值的目的是防止航天员出现急性辐射综合症，其中包括恶心、呕吐、厌食、乏力的前驱风险，造血系统的改变和大剂量“太阳粒子事件”引起的皮肤损伤。最终，载人系统风险委员会一致认为，所建议的造血器官和皮肤的短期允许照射限值目前保持不变，计划在研究完成后，由 NSBRI 新建立的空间辐射研究中心（CSRR），对与短期允许照射限值有关的主要研究结果再进行一次外部审查。

NASA 制定的短期剂量限值旨在预防临床上显著的确定性健康效应，其中就包括航天过程中的效能退化。因此，美国国家辐射防护和测量委员会将在未来 5 年里重新审查这些剂量限值和累积的证据，以确定是否有过高的阈值，以及更低剂量的辐射是否仍能带来某些风险。这种用于估算心血管风险和白内障风险阈值剂量的确定性方法，不同于估算癌症风险限值所用的方法，因为后者是用预测模型对风险进行概率性评估得出的。由于剂量阈值的趋势越来越低，未来可能需要用类似的随机方法来评估退行性风险。

四、载人深空探索辐射风险的主要研究进展

（一）辐射引起中枢神经系统损伤的行为认知变化研究

近年来 NASA 开始关注中枢神经系统辐射风险，针对该风险做了相关研究。

美国加州大学开展的中枢神经系统损伤研究表明，低至 50～100 mGy 的空间带电粒子照射可引起神经元结构的改变和突触数量减少，这将导致神经网络连通性功能的下降。高能、高电荷（HZE）粒子会抑制神经元的连接、神经元的增殖和分化，并改变神经胶质细胞的特征。

美国加州大学、斯坦福大学以及伯克利 Plexxikon 公司为了研究空间氦离子对大脑认知的影响，利用成年小鼠进行了全身氦离子辐照（4 He,30 cGy,400 MeV·n^{-1}）实验，给予实验组小鼠一种集落刺激因子-1 受体（CSF1R）饮食抑制剂（PLX5622），给药后 2 周耗尽小鼠小胶质细胞。4～6 周后，使用 7 个独立的行为任务对维持正常饮食对照组和 PLX5622 饮食组的小鼠进行认知功能测试。实验结果表明：认知障碍与低剂量暴露于氦离子后持续的小胶质细胞活化有关，通过耗尽小胶质细胞有助于降低辐射暴露引起的大脑认知缺陷，且未发现小胶质细胞耗竭带来的负面影响。

东弗吉尼亚医学院理查德·布里顿博士的一项研究表明，辐射剂量与连接到海马体和前额叶皮层记忆过程受损有关。成熟的雄性大鼠暴露于 1 GeV·n^{-1} 铁粒子 3 个月后，在 5 个"注意定势转移"复杂任务中，有 4 个出现损害。

但是，很多研究都是利用短期、高剂量率的辐射暴露来观察大脑对辐射的反应，这并不能准确反映太空中的实际辐射情况。近年来研究人员将小鼠暴露于慢性低剂量率（1 mGy·d^{-1}）辐射下 6 个月，借此研究深空辐射环境对中枢神经系统的影响。研究发现，辐射暴露损害了海马体（与学习记忆有关的部分）和前额叶皮层（作用是更高的认知功能）中的细胞信号，导致学习和记忆障碍。研究人员预测，在深空任务中，每 5.1 名航天员中就会有 1 人经历类似焦虑的行为，每 2.8 名航天员中就会有 1 人经历一定程度的记忆障碍。这些研究结果表明，深空探索期间的长期低剂量率辐射暴露可能对认知能力和健康构成相当大的风险。要评估和管理太空中的人体健康，还要获得更多辐射对大脑影响的基础数据。

此外，纽约医学院伯特利克·斯坦顿博士的研究结果强调，辐射可引起成人海马新神经元的减少和与兴奋性和突触强度控制有关神经元的电性能改变，也可能损害任务时间表中神经元的网络性能。

约翰霍普金斯大学与马里兰大学研究人员研究了人体不同部位（仅头部、仅身体或全身）暴露在辐射中对人的认知能力带来的影响。研究结果表明：全身暴露并不比仅头部暴露或仅身体暴露带来的认知损伤更大，头部暴露不是认知能力损伤的必要条件；同时，空间辐射引起的中枢神经系统损伤存在非靶向效应，并证明了这些效应在实际暴露后会持续很长时间。此外，研究发现：由于认知任务依赖于不同的大脑皮层区域发挥作用，因此辐射对不同认知行为可能带来不同的影响；辐射暴露似乎可以改变某些认知领域，同时保持其他认知领域完好无损，这很可能是由于大脑的一个区域比另一个区域受到更严重的损伤。

（二）空间辐射研究中心开展低剂量质子照射的急性效应研究

NSBRI 领导的空间辐射研究中心的任务是确定低剂量质子照射的急性健康作用，以及质子和重离子对心血管健康的影响。对于急性效应的研究，雄性小鼠暴露于低剂量的质子中，可以引起细胞凋亡的增加或眼睛视网膜细胞的凋亡。空间辐射研究中心计划接下来的工作是确定质子是否可以改变视网膜的脉管系统。目前的研究还包括对皮肤、骨髓和心脏组织的急性作用。

空间辐射研究中心还研究对组织退行性的影响，已经表明小鼠在氧离子环境照射 2 周后，骨髓干细胞数目减少。同时，空间辐射研究中心也观察到"光氧"或氧 16 离子辐照两周后，心脏中出现数以百计的蛋白质表达。在暴露 3 个月后，用高分辨率的超声观察到心脏功能的改变。此外，暴露于氧离子环境下，也可引起鼠心脏和视网膜血管内皮细胞血管内皮功能几个标记物的改变。

空间辐射研究中心目前正在研究氧离子对视网膜血管、心脏功能和结构、DNA 表观遗传变化的影响，暴露时间多达 9 个月。最后，研究人员还测量尿液样品中代谢物，作为辐射照射的潜在生物标志物。

（三）NASA 空间辐射实验室束流继续提供洞察空间辐射环境的条件

NASA 空间辐射实验室（NSRL）是当前最先进的辐射研究设施，它由位于纽约长岛的布鲁克海文空间辐射国家实验室管理。NSRL 用高能重离子束模拟典型的空间辐射环境和"太阳粒子事件"，研究者利用它可以开展地基的空间放射生物学、屏蔽和剂量的研究。2014 财年，由实验室资助的主要研究人员参加了 NSRL 的"三大行动"。参加实验的有 50 个研究小组，进行了 13 000 多个生物标本的照射，其中包括组织和细胞。

特别是 NASA 专业研究中心（NSCOR）的空间辐射实体瘤研究结果，继续支持了空间发现的高传能线密度（LET）重离子与地球低 LET 伽马 X 射线在诱导致瘤性方面不同的看法。新的数据表明，细胞和组织模型两者在基因组、蛋白质组和由重离子辐射引起的代谢变化是不同的。这些区别为癌症风险模型和今后生物标志物的鉴定提供了有用信息。

此外，进一步的证据出现在低剂量下非靶向效应所引起的非线性响应，这些响应可能混淆传统范例和重离子与伽马射线相比较的相对生物学有效性评价。

（四）NASA 利用地基模拟 GCR 研究空间辐射对航天员健康的影响

NASA 空间辐射实验室近年开发出了快速射束切换和控制系统，利用该技术研制的 GCR 模拟器，可以产生与深空飞行器内人体各器官遭受的初级和次级 GCR 辐射场相近的离子束谱。辐射剂量主要来自质子（约占 65%～75%）和氦离子（约占 10%～20%），其余为重离子（$Z \geqslant 3$）。GCR 模拟器可为最先进的细胞和动物模型系统提供 33 种时序的射束照射，其中包括 4 种质子能量（有降能器）、4 种氦能量（有降能器）和 5 种重离子（C、O、Si、Ti 和 Fe）。聚乙烯降能器系统采用 100 MeV·n^{-1} 的 H 和 He 射束来提供几乎连续分布的低能粒子。在 33 种粒子束中，每种粒子束都能在大约 75 min 内发射 500 mGy 的粒子照射。为了更真实地模拟太空中的低剂量率，可在 2～6 周内进行每日 1 次的分次照射，每次的照射剂量可低至 0.1～0.2 mGy。大照射野的粒子束（60 cm×60 cm），可为 54 个特制鼠笼（每个鼠笼中有 23 只小鼠）或者 15 个大鼠笼提供约 75 min 的照射。

2018 年 6 月，NASA 利用新 GCR 模拟器完成了首次操作运行，这是一个重大进展。研究人员利用该实验平台研究多种动物模型来评估急性剂量和长期剂量对辐射诱发的健康风险，其中包括：①利用雄性 APP/PS-1 阿尔茨海默病模型小鼠（APPswe/PS-1dE9 转基因小鼠）及其野生型同窝仔鼠（C57BL/6 背景）进行的阿尔茨海默病病理评估；②辐射在 C3H/HeNCrl 小鼠中诱发"肝细胞癌"（HCC）的评估；③辐射在雄性、雌性野生型和 LA1 突变（肺癌易感）小鼠（129 背景）中诱发肺癌的评估。此外，为了评估辐射对中枢神经系统造成的潜在影响，将对这些小鼠的几个同期组群进行行为和认知测试。同时，研究人员还测试了两种潜在的缓解剂：一种是针对远后中枢神经系统效应的氟伐他汀，另一种是针对肿瘤发生的抗炎、抗氧化辐射防护药 CDDO(合成三萜系化合物 2 -氰基- 3,12 -二氧代烯烃- 1,9(11)-二亚乙基三胺- 28 -羟酸)。

在过去 30 年中,大多数关于空间辐射诱发健康风险的研究都是采用单能单离子束急性照射,现在可以将各种离子场集中混合起来对同一个动物群进行研究,从而大大减少了动物数量以及饲养和研究成本。这一成就标志着放射生物学研究进入了一个新时代,它将加速了解航天员在长期探索任务或向火星的星际旅行中面临的健康风险和风险减缓措施的提出。

(五) NASA 发布新的空间辐射研究资助计划

2020 年,美国航天健康转化研究所(TRISH)发布了一项新的资助计划,以支持空间辐射对人体生理影响的研究,并寻求用于深空探索的方法。

TRISH 寻求并资助高风险、高回报的解决方案,以预测和保护未来执行深空探索任务中航天员的健康。这项新的空间辐射计划基于人体的复杂体外和离体模型,研究各种应对暴露在太空电离辐射中的新对策,以减少航天员健康和工作能力面临的风险。

五、结束语

在未来载人深空探索任务中,遭遇"太阳粒子事件"的概率随着飞行距离和持续时间的延长而增加。虽然通过先进的紧急避难所设计、空间天气预报和实时剂量测定可以显著降低大型"太阳粒子事件"引起急性辐射症状的风险,但是,任务期间航天员的健康状况不佳和能力下降以及长期 GCR 暴露导致的远期健康后果,仍然是长期飞行任务的重大挑战。

为了确保航天员的健康和人类探索目标的实现,还需要在各项精心制定的方案之间进行权衡。但是目前的研究结果尚不能阐明航天员的工作能力或发病率,也无法对暴露于空间辐射中枢神经系统风险做出可靠的预测,低剂量暴露和高能粒子引起心脏病、白内障、免疫学改变、早衰等退行性组织效应的风险依然难以评估。此外,还需要考虑其他飞行因素可能引起的综合风险,所有这些都需要通过获得更多信息来解决空间辐射风险的知识缺口问题。

(中国航天员科研训练中心)

空间激光通信在航天测控网中的应用进展

摘要：激光通信终端具有体积小、质量轻、功耗低等特点，非常适合作为卫星有效载荷，能够满足航天及载人活动日益增长的通信需求。美国、日本以及欧洲航天组织等开发出多套卫星激光通信终端，已开始规划建设可覆盖全球的天基激光通信网络。本节在分析国外激光通信演示验证试验的基础上，对空间激光通信技术的发展趋势进行了研究。

一、引言

空间激光通信是指利用激光束作为载波在空间进行图像、语音、信号等信息传递的通信方式，又称为自由空间激光通信。该技术的数据传输速率可比当前射频通信系统高 $10\sim100$ 倍。相对于微波通信，激光通信可以传输更大容量、更高速率的数据，因此可以减少传输大量数据所需跟踪航天器的时间并尽可能减少所需地面站的数量。此外，激光通信系统尺寸比射频系统小得多，从而降低了航天器通信系统的尺寸、重量和电源需求。在执行月球、火星或更远的深空探索任务时，这种能力将至关重要。在航天测控网中，地面站与航天器及航天器之间的通信是主要的通信形式，其通信数据的安全保密性极为重要。如果广泛采用激光通信代替过去的微波通信，这将大大有利于通信的安全保密性。空间激光通信技术的发展和突破对增强空间信息传输的实时性、安全性以及未来深空探索意义重大，有望变革未来空间通信技术的发展。为了满足日益增长的大数据量、高速数据传输速率的需求，美国国家航空航天局（NASA）、欧洲航天局（ESA）、日本宇宙航空研究开发机构（JAXA）等航天机构正在开启空间激光通信技术的时代。各国纷纷在地球同步轨道-近地轨道（GEO-LEO），近地轨道-近地轨道（LEO-LEO），近地轨道-地面（LEO-地面），以及地-月等不同轨道验证了激光通信终端的在轨性能。

二、国外激光通信演示验证试验

美国、俄罗斯、日本以及欧洲航天组织等均在空间激光通信技术领域投入巨资进行相关技术研究和在轨试验，对空间激光通信系统所涉及的各项关键技术展开了全面深入地研究，不断推动空间激光通信技术迈向工程实用化。

（一）美国空间激光通信验证试验

NASA 加速发展空间激光通信技术。NASA 非常重视空间激光通信技术发展，并将其作为重要优先事项，加速推进空间激光通信技术的发展和成熟，使近地轨道任务和深空任务的空间通信更为高效，以解决未来空间飞行任务面临的海量数据传输问题。在上述任务成功的基础上,NASA 继续测试各种激光通信应用。

激光通信中继演示(LCRD)系统是 NASA 的第一个激光通信中继系统。2021 年 12 月 7 日,NASA 成功发射激光通信设备进入轨道,测试 LCRD 技术,从距地面 35 406 km 的轨道上向地面传输数据可达到 1.2 Gbps。激光通信中继演示任务首先将展示连接夏威夷和加利福尼亚地面站的空地激光通信,今后还会测试从国际空间站上的光学终端接收和传输数据。试验预计会进行两年。国际空间站(ISS)将安装一个通信终端,与中继卫星通信,再把数据传给地面。

2021 年末,NASA 的太字节红外传输(TBIRD)演示从低轨立方体卫星到地面高达 200 Gbps 的对地光通信链路,创下激光通信数据速率的新记录。星载激光终端每天能够传输超过 50 TB 的数据。

"阿尔忒弥斯-2"任务计划于 2024 年发射,"猎户座阿尔忒弥斯-2 光通信系统"(O2O)终端,将通过红外光在地球和"阿尔忒弥斯-2"绕月任务航天员之间,提供 4K 超高清视频传输及增强的科学数据传输等。

深空光学通信(DSOC)项目致力于研究激光通信对于深空任务数据速率、占用空间和功耗的改进作用。2018—2019 年,NASA 进行深空光学通信项目地面测试。2023 年,NASA 计划发射一颗探索性金属卫星 Psyche,在火星和木星之间运行,并搭载激光通信终端 DSOC,进行一系列深空激光通信试验,通信距离为 $5.5×10^7$ km。2026 年运行至工作轨道。届时,它将以至少 250 Mbps 的速率从 $6.3×10^8$ km 外的星体传回数据。DSOC 项目将是一个大的飞跃,传输距离扩大了多个数量级,地面发射功率、终端光子计数探测器阵列、波束指向精度、高效率激光发射机以及抗扰动隔离技术都进行了大幅性能提升。

NASA 格伦研究中心团队开展了"一体化射频与光学通信"概念研究,计划向火星轨道发送一颗激光通信中继卫星,用于接收远距离航天器的数据并将数据中继至地球。一体化射频与光学通信系统将使用射频和激光集成通信系统,既可为使用射频和激光集成通信系统,也可为使用激光通信系统的新型航天器提供服务,将有效促进 NASA 所有空间资产之间的互操作性。

(二)俄罗斯空间激光通信验证试验

俄罗斯国家航天集团 2021 年进行一项试验,在国际空间站俄罗斯舱与地球之间建立高速激光通信线路,以实现激光通信。在国际空间站和航天器之间建立 1.2 Gbps 速率的激光通信信道。俄罗斯曾于 2011—2013 年间首次利用激光传输国际空间站与地球间的数据,完成 100 多场通信会话,测试中实现了超过 600 Mbps 的速率。

(三)日本空间激光通信验证试验

日本主要采取国际合作的方式进行空间激光通信技术研究,早期开展的"地面轨道间激光通信演示验证"等项目取得了巨大的成功,实现了世界首次低轨卫星与地面站及移动光学地面站之间的激光通信试验。近年来,为保持空间激光通信技术方面的优势,日本开始向激光通信终端小型化、轻量化、低功耗方向发展。

日本数据中继卫星(JDRS)代表了最近的技术进展,采用 Ka 波段可达到 1.8 Gbps 通信速率。该任务包括 GEO 光学终端和 LEO 光学终端,后者搭载于 JAXA 的光学观测卫星。该中继还将服务于其他 LEO 航天器通信。从 LEO 卫星(高度 200～1 000 km)通过数据中继卫星返回地面站的通信速率为 1.8 Gbps,波长 1 540 nm,其反向速率为 50 Mbps,波长 1 560 nm。光学天线口径 LEO 为 10 cm,GEO 为 15 cm。

在经过了之前的试验经验与技术积累后,日本开启了下一代空间激光通信技术研究,启动先进激光仪器高速通信项目(HICALI)。该激光通信终端于 2021 年搭载高吞吐量卫星(HST)发射至地球同步轨道,首次在轨验证 10 Gbps 量级 GEO 到光学地面站之间的激光通信。

(四) ESA 空间激光通信验证试验

ESA 早期半导体激光星间链路试验(SILEX)计划、TerraSAR - X 项目和 Alphasat 卫星激光通信项目等均取得了极大成功,2008 年首次实现了低轨卫星之间的相干激光通信,通信速率为 5.625 Gbps,通信距离为 5 100 km。TerraSAR - X 以及 SILEX 等试验的成功给了ESA 很大的信心,于 2008 年底开始在其新的数据中继卫星系统(EDRS)中应用空间激光通信终端,标志着欧洲在空间激光通信领域取得了重大突破。2016 年,EDRS 计划开始实施。EDRS 是世界上首个实际应用并投入运营的空间激光通信项目,目标是创造一种新的卫星服务,促使空间激光通信系统的研发和实施达到成熟阶段,并以商业模式运营。EDRS 包括 3 颗GEO 卫星——EDRS - A、EDRS - C、EDRS - D,每颗卫星都搭载激光通信有效载荷,以实现星际信息传输。2016 年 1 月,EDRS 的首个激光通信数据中继有效载荷 EDRS - A 搭载在"欧洲通信卫星"(Eutclsat 9B)上进入地球静止轨道。同年 6 月,EDRS - A 与 LEO 卫星"哨兵-1A"进行了激光通信,接收了来自"哨兵-1A"的图片数据,然后通过 Ka 波段回传至地面。ESA 于 2019 年发射 EDRS - C,定位于中非上空,为欧洲提供服务,2024 年后将发射 EDRS - D 卫星,定位于亚太地区上空,构成"全球网",从而实现全球数据中继服务。

ESA 计划于 2025 年前将 EDRS 扩展成全球覆盖系统,形成以激光数据中继卫星与载荷为骨干的天基信息网,实现卫星、空中平台观测数据的近实时传输。EDRS 不仅将满足欧洲航天活动对空间数据传输速率、传输量和实时性日益增长的需求,更将使欧洲摆脱对非欧地面站的依赖,保持空间通信的战略独立性。

三、空间激光通信技术的发展趋势

空间激光通信技术近年来飞速发展,快速高精度指向、捕获及跟踪技术,大气湍流效应抑制及补偿技术,窄线宽大功率激光发射技术,低噪声光放大技术和高灵敏度 DPSK/BPSK/QPSK 光接收等技术逐步被攻克,为实现星际激光通信奠定了基础。

(一) 向工程应用发展

激光通信技术正在由技术验证阶段、技术定型阶段向工程应用阶段方向发展。

技术验证阶段:演示验证星上终端技术、星地对接技术。

技术定型阶段:建立技术标准化,包括与平台的数据交换技术;瞄准、捕获及跟踪技术;数据编码技术;高速光信号调制和解调技术等;新型的轻量化终端结构技术。

工程应用阶段：光学终端研制、光学终端飞行验证。

（二）向高速化发展

通信速率不断提高，已经从最初的 2 Mbps 发展到当前的 10 Gbps，未来还将发展到百吉量级 100 Gbps，逐渐发挥出空间激光通信的技术优势。高速空间激光通信的主要优点是大容量实时信息传输，主要难点是高速率光发射以及高灵敏度接收等关键技术。主要技术途径包括高阶调制技术、光复用技术、高灵敏度相干接收技术等。

（三）向一体化发展

空间激光通信与测距具有许多相似性，可以将它们有效结合成一个系统，通过发送与接收单束激光实现通信与测距功能的复合。

在通信测距一体化方面，主要优点是通信与测距相结合，使一种设备具有多任务功能，从而降低对体积、功耗的要求，并提高系统的性价比。主要难点是抗干扰能力差、测距光能弱。主要技术途径是采用测距与通信共波长、调制双体制、伪码与通信信号变换技术等。

（四）向集成化发展

随着微纳卫星的迅猛发展，激光通信终端也将朝着小型化和轻量化方向发展。美国、日本以及欧洲航天组织近年来都在发展集成化、轻量化、小型化的激光通信终端，搭载于小型 LEO 卫星上。集成化激光通信终端的主要优点是体积小、重量轻、功耗低、稳定性好和成本低，通常搭载在低轨小卫星上。主要技术途径是光学天线和转台的轻量化、小型化，通信收发机的集成化。

（五）向深空化发展

近地激光通信已经做了大量演示验证试验，NASA 和 ESA 现已将深空激光通信列入研究计划，激光通信将成为深空探索活动的主要通信方式。深空激光通信可实现超远距离科学信息的传输，能满足科学载荷大容量、高速率的传输要求。

（六）向网络化发展

目前，世界上空间激光通信都是点对点，严重影响了通信中继、组网和应用。激光通信组网是未来发展的必然趋势。

激光通信网络化的主要优点是通信网络快速、实时、广域，主要难点是小束散角组网、动态拓扑接入、长延时等。主要技术途径是突破"一对多"激光通信技术、突破"多制式兼容"激光通信技术、突破全光中继技术、研究动态路由解决接入难题、寻求激光微波通信联合体制等。

四、结束语

激光通信凭借其带宽优势，有望成为未来空间高速通信的主要方式。美国、日本以及欧洲航天组织等对空间激光通信系统所涉及的各项关键技术展开了全面深入的研究,已开发出多套卫星激光通信终端,并成功完成多项在轨试验,正在规划建设可覆盖全球的天基激光通信网络。尽管存在诸多优势,但目前空间激光通信尚面临诸多技术挑战,如激光通信受制于激光通信终端和探测器件、大气湍流、大气衰减等因素的影响和干扰,空间激光通信所需的地面基础设施远未完备,空间激光通信高频带高宽带的技术优势尚未完全挖掘等。

(北京跟踪与通信技术研究所)

SpaceX 公司博卡奇卡发射场建设规划发展分析

摘要： SpaceX 公司作为美国商业航天领域的领先企业，其发展动向在一定程度上引领并代表了未来世界航天发展的趋势，其博卡奇卡发射场的建设发展以及超重-星舰运载器的飞行试验受到了全球航天业的关注。本节简述了 SpaceX 公司申建博卡奇卡发射场的历程，总结了选址原则，梳理了主要地面试验与发射设施的规划与技术指标，概述了试验与发射目标及要求，最后分析了发射场的后续发展走向。

2021 年 9 月 17 日，美国联邦航空局（FAA）发布了《针对 SpaceX 公司在得克萨斯州卡梅伦郡博卡奇卡发射场开展超重-星舰运载器项目的程序化环境评估报告（PEA）草案》，并征求公众意见，以此作为签发开展超重-星舰运载器试验与发射许可证的参考依据。除了环境影响因素的分析评估外，该报告还简述了超重-星舰运载器、试验与发射目标及要求、拟增改建的地面设施设备及新的增改建原则。

自 SpaceX 公司从 2019 年针对超重-星舰运载器实验测试项目向 FAA 申请博卡奇卡发射场地面设施设备适应性增改建并实施了一系列验证性试验以来，各国始终关注着该发射场的建设进展与未来发展。

一、博卡奇卡发射场建设背景

为了能向美国国家航空航天局（NASA）、国防部及商业用户提供更强大的任务能力，在密集的发射窗口期内完成一系列商业发射任务，SpaceX 公司认为需要建造自己专属的独立发射场，以提高项目运营能力和空间飞行任务的成本效益。为此，SpaceX 公司在 2014 年开始进行发射场场址的筛选，基于政治风险、国家安全和国际交通（原则 8）等因素 SpaceX 公司排除了在美国境外建造发射场的可能，随后针对美国境内的候选点制订了 15 项评估标准。表 1 为 SpaceX 公司选址原则及说明。

表 1　SpaceX 公司选址原则及说明

序　号	原　则	说　明
1	纬度	所选的发射场必须在低纬度位置，以便能使有效载荷的质量最大化。纬度在 27.5° 以下的位置是比较理想的
2	飞行轨迹	所选的发射场必须能同时支持近地轨道（LEO）和地球同步轨道（GTO）任务的火箭向东飞行轨迹，以避免出现折线轨迹，影响入轨性能。如果火箭不能向东发射，则需要更多的燃料，且有效载荷质量较小，这就大大影响到 SpaceX 的整体商业发展目标

续表1

序号	原则	说明
3	安全轨迹	为了达到FAA的安全规则要求,从所选的发射场发射升空的火箭必须在安全的轨迹内飞行,必须强制遵循发射场的东面或在任一可见的飞行轨迹的1.609 km范围内不得有任何住宅、商业或可预见的住宅/商业的原则。具体的缓冲值由FAA决定,SpaceX的初始设定标准为1.609~3.218 km
4	安全隔离	为了能在出现异常或事故时保证一定的安全,必须强制遵循能将发射场与住宅/商业加以隔离的原则。由此,所选的场址不能位于一个城市的东边(将满足原则3),因为这样的选址会违反安全规则要求
5	可进入性	所选的场址必须便于运送火箭和有效载荷部件,必须是建在陆地上且设有道路,可使人员、火箭及保障设备通过地面运输方式进入发射场
6	规模	所选的场址必须足够大,能建造实施发射任务必需的全部设施,包括发射设施、保障设施和市政设施。占地面积至少约为0.12 km²,但最终应根据实际场址和布局而定
7	进度的灵活性	所选的场址必须具备满足窄发射窗口、密集发射需求的能力,这对拥有发射场专属使用权并且该发射场未与其他发射场相邻的商业航天企业而言是非常重要的
8	政治的稳定性与所属权	所选的场址应建在一个可维持监管的国家联邦州境内,同时不能面临财产纠纷问题
9	建造工程的可利用性	所选的场址应为一个能根据FAA判定文件要求在合理期限内开展建造工程的位置
10	可用的空域	所选的场址必须位于一个限制商业(A级)空域干扰的区域
11	私人拥有或控制的土地	所选的场址应成为一个专属型发射场,其土地必须由商业航天运营商拥有或控制,而且这种控制在可预测时间内是永久性的,从而只受制于商业应用规则
12	环境	在选择场址并进行地面设施布局时,应尽可能地将环境影响因素最小化,包括生态系统干扰、危险材料清除、自然环境保护,避免破坏历史遗迹和影响受保护物种
13	差异性	所选的场址必须与SpaceX目前正使用的发射场有所区别,以呈现不同的风险与任务运营状态
14	气候与风力	所选的场址必须具备较好的气象条件,包括低风速、低云雾以及温度在5℃以上
15	发射控制中心设在附近	所选的场址必须使发射控制中心与发射区间的距离在1.609~16.09 km之间,且必须满足上述原则5、6、8、9、11和12

经过对卡纳维拉尔角太空军站、卡纳维拉尔角太空军站北海滩、卡纳维拉尔角太空军站南海滩、麦格雷戈试验场、俄克拉荷马航天港、美洲航天港、莫哈韦航天航空港、白沙导弹靶场、罗斯福路海军站、肯尼迪郡、威拉西郡、卡梅伦郡等10多个候选点的综合比较,最终确定在得克萨斯州卡梅伦郡博卡奇卡镇建造发射场,它比肯尼迪航天中心和卡纳维拉尔角太空军站更靠近赤道,这意味着更节省火箭燃料。

在2019年针对超重-星舰项目开展地面设施改造时,SpaceX又提出了5项增改建原则,并对曾首选的卡纳维拉尔角太空军站 40 号发射场（SLC-40）和范登堡太空军基地 4 号发射场（SLC-4）进行了评估，最终排除了在这两个发射场开展超重-星舰项目的可能性。表 2 为 SpaceX 公司针对超重-星舰项目进行地面设施改造的考量因素。

表 2　SpaceX 公司针对超重-星舰项目进行地面设施改造的考量因素

考量因素	说　明	两个发射场被排除的原因
进度的灵活性	超重-星舰的试验与发射受到政府优先使用空域影响的概率必须很小	SLC-40 和 SLC-4 均靠近其他用于发射民用、商业和国防任务的发射场，超重-星舰的运营可能因政府优先使用空域而导致延误
现有地面设施的利用性	在项目研发和运营阶段，开展超重-星舰的试验与发射时必须能使用博卡奇卡发射场的现有地面设施设备，且不能妨碍 SpaceX 的其他任务运营（如猎鹰 9 号和猎鹰重型的发射与着陆）	SLC-40 和 SLC-4 主要保障猎鹰系列火箭的任务运营，若使用这两个发射场开展超重-星舰项目将对猎鹰火箭项目造成阻碍
保障项目研发与运营的能力	必须能保障超重-星舰研发与运营阶段开展的全部试验与发射活动	由于需对超重-星舰实施迭代式试验，以验证运载器部件和确认可靠性，这些试验将会妨碍到猎鹰火箭项目的进程，因此 SLC-40 和 SLC-4 并不具备保障超重-星舰项目的能力
随时使用推进剂	必须随时提供足够的推进剂（液氧和液体甲烷），以能保障超重-星舰研发与运营阶段所开展的全部活动	SLC-40 和 SLC-4 只存储猎鹰系列火箭所用的液氧和煤油，而超重-星舰则使用液氧和液体甲烷，由此无法随时提供超重-星舰所需的推进剂储量
紧邻超重-星舰研制与生产设施	为了避免在项目研发和运营阶段出现延误，超重-星舰的试验与发射活动必须紧邻研制与生产设施	虽然 SLC-40 和 SLC-4 靠近 SpaceX 制造超重-星舰部件的厂房，但是超重-星舰的重要部件则是在靠近博卡奇卡镇的研制与生产厂房加工的，向 SLC-40 或 SLC-4 运送运载器部件可能出现延误，阻碍项目研发阶段的进程

二、总体规划与主要地面试验发射设施

（一）地理位置与总体规划

博卡奇卡发射场由垂直发射区（VLA）和发射与着陆控制中心区（LLCC）组成。VLA 直接与 4 号州际公路的东终点、博卡奇卡州立公园和里奥大河谷国家野生动物保护区相邻，占地面积约 22.9×10^4 m²。

LLCC 位于 VLA 的西面约 3.2 km 处，紧邻 SpaceX 的研制与生产区，占地面积约 9.23×10^4 m²，其中 1、2、3 号场区的面积分别为 5.18×10^4 m²、2.43×10^4 m² 和 1.62×10^4 m²。

SpaceX 从 2019 年就开始对原计划建造猎鹰 9 号/猎鹰重型火箭发射台的场地进行清除，以为研制超重-星舰项目做准备。

由于超重-星舰试验项目将持续2~3年,整个过程为迭代式,包含三个实施阶段,因此增改建工程也是相对应的。第一、二阶段的建造工程并行展开,SpaceX还未提供有关第三阶段的规划数据和信息。

(二)主要地面试验与发射设施

除了针对超重-星舰项目增改建地面设施设备外,SpaceX公司仍保留了一些为猎鹰9号/猎鹰重型火箭规划与建造的地面设施设备。

1. VLA

1)发射台。SpaceX在第一阶段建造的是一个混凝土发射台(发射台A),位于2014年环境影响声明(EIS)所规划的集成处理厂房位置。发射台区设有两条沥青或混凝土铺设的道路(1主1辅),以2%~4%的坡度通往发射台。主路位于发射台的东北角,与4号州际公路相连并向东北延伸。辅路位于发射台的西侧,与高速路相连并向西北延伸。此外,还设有一条可进入甲烷和液氧贮存区的平面环形路。

SpaceX拟在发射台A附近的甲烷燃烧塔位置(拆除)再建一个备用发射台(发射台B),高约19.8 m,宽约36.6 m、长约42.7 m,整体布局与发射台A基本相同。

2)组装发射塔与发射台座。在发射台A和B附近分别建造用于组装超重-星舰的永久性组装发射塔。每个塔高约146.3 m,安装一个称为Mechazilla的机械臂系统,并在顶部配装一个约3 m高的黑色镀层避雷针。此外,在原规划的猎鹰重型发射台位置建造一个高约24.4 m的钢结构发射台座。

3)Liebherr-11000吊车。该履带式吊车采用桁架结构,主吊臂最高约137.2 m,副臂伸展后的最大吊高可达220 m,最大额定吊重能力达1 350 t,发动机输出功率约750 kW。吊车停放在VLA的西北角,大部分时间处于全部展开状态,发射期间将缩降至76.2 m。组装发射塔建成后,该吊车将可用于移动贮箱等大型部件。

4)贮箱构件试验台。SpaceX目前是在VLA的一个混凝台上开展包括气动、静压和低温在内的贮箱构件测试,并配备一些临时性设施。拟为现有的贮箱构件试验台增设一些设施设备,并建造另一个试验,长约18.3 m,宽约18.3 m,高度约在3~6 m。

5)备用着陆平台。在VLA的西南角增建第二个着陆平台(平台B),长约68.9 m,宽约68.9 m,与现有的着陆平台(平台A)基本相同。两者互为备份。

6)空气分离装置与液化器。在VLA拟建一个不高于3 m的空气分离装置,配置两个39.6 m高的蒸馏塔,用于制成发射所需的液氮和液氧。

7)燃料存储区。燃料存储区原面积约2 652.38 m²,储罐高度的最大限值为4.57 m。SpaceX拟对该区进行扩建,主要存储液氧、液氮、水、氦气、气态氮、气态甲烷和液体甲烷。表3为第一、二阶段配置的各种气体与燃料储罐。

表 3 第一、二阶段配置的各种气体与燃料储罐

阶 段	燃 料	数 量	用 途
第一阶段	液氧	1 个 363 323.8 L 储罐	星舰的推进剂
	甲烷	1 个 227 124.7 L 储罐, 1 个 68 137.4 L 储罐	星舰的推进剂
	液氮	2 个 22 712.5 L 储罐	推进剂致密;气态氮补加与致密
	水	1 个 378 541 L 储罐	消防(地下储罐)
第二阶段	氮气	1 个 8.55 m³ 储罐	星舰的吹除/气动
	氦气	1 个 8.55 m³ 储罐, 1 个 12.74 m³ 储罐	星舰的气动
	液氮	1 个 6 056.6 L 储罐, 1 个 22 712.5 L 储罐	推进剂致密;气态氮补加与致密
	气态氧	1 个 43.87 m³ 储罐	星舰的氧贮箱加压
	气态甲烷	1 个 29.43 m³ 储罐	星舰的甲烷贮箱加压

8)保障厂房。拟在 VLA 增建一个保障厂房,高度不大于 9.14 m。

9)水淡化厂。SpaceX 拟在 VLA 区建造一个水淡化厂,面积约 399.5 m²,主要用于将新建的两个地下水井(约 198 m 深)和已有水井中抽取的水进行淡化处理,包括使用一个锅炉、数个收集器、一个盐水箱和一个灌注池。除约 23 m 高的储水罐外,所有淡水设备的高度均不超过 9 m。

2. LLCC

1)发射控制中心大楼。控制中心大楼为单层结构体,高度约 9.14~13.7 m,面积约 1317.9 m²,内设若干个控制间、会议室、办公室和保障间。

2)有效载荷操作厂房。拟在 LLCC 的制造与生产区建一个有效载荷操作厂房。2014 年的 EIS 计划建造两个有效载荷操作厂房,每个厂房高度在 19.8~25.9 m,面积约 1362.8 m²。但目前只建造一个有效载荷操作厂房,面积约为 2 043.9 m²,高度达 73.2 m。

3)生产、制造与组装厂房和帐篷式加工厂房及风障。超重-星舰部件的生产、制造与组装厂房高约 4.9 m,长 60.96 m,宽 30.48 m。加工厂房为临时性(1~2 年)构筑物,建在 2014 年 EIS 规划的保障厂房位置,面积为 28.65 m×36.58 m,高约 9.14 m,主要用于夜间开展焊接与制作 VLA 所需的构件。两个用于保护星舰呈垂直状态时的风障的高度与加工厂房相同,均超过 9.14 m。

4)太阳能阵列的扩建。SpaceX 将 LLCC 区的太阳能阵列扩增 6 866.67 m²(10.3 亩),使总面积达 28 333.33 m²(42.5 亩),主要用于向控制中心、垂直发射区和得克萨斯大学里奥大河谷分校拟建的"星门"(Stargate)技术研究中心提供电力。2014 年的 EIS 文件中,太阳能阵列占地面积为 21 866.67 m²(32.8 亩),SpaceX 目前只建造了约 8 093.33 m²(12.14 亩)的太阳能阵列。为了与现有的太阳能阵列高度(1.52 m)相匹配,新增的太阳能阵列高度约为 1.98 m。新增电池则存放在一个高约 3.96 m、面积为 90 m² 的小型构筑物内。

5）跟踪天线装置。SpaceX 在 2 号场区北部和中部建造两个卫星天线,每个天线高约 12.5 m,台座面积约 83.6 m²。

6）天然气预处理系统。在加工生产区(或 VLA)拟建一个包括一个直径约 4.9 m、高约 61 m 的主脱乙烷塔和若干个高约 1.82 m 的气瓶的天然气预处理系统。该系统主要用于处理输送到发射场的天然气,生成气态甲烷,再加以液化,以用作推进剂和发电。

7）氮气液化装置。SpaceX 拟在加工生产区内建造一个氮气液化装置,大小约为 1 142.7 m²,并配置包括两台高约 7.92 m 的热交换器在内的数个组件,一台热交换器用于甲烷过冷,一台用于液氧过冷。

8）发电厂。在加工生产区(或 VLA)拟建一个发电厂,占地面积约 21 866.67 m²(32.8 亩),为发射场内的所有设施设备提供电力。

3. 其他

SpaceX 拟在 4 号州际公路上设置三个停靠站,使行驶车辆停下,以便装载超重-星舰的运输车能从制造与生产区沿 4 号州际公路顺利驶向 VLA。每个停靠站长约 22.9 m,宽约 9.14 m,运输车行驶速度约 3.2 km/h,因此最长等待时间约为 20 min。通过这种方式,无须再对 4 号州际公路实施双向封闭。

三、超重-星舰试验与发射目标及要求

SpaceX 公司针对超重-星舰的试验与发射任务运营,对博卡奇卡发射场地面设施设备的操作与任务保障提出相应要求。

(一) 试验与发射目标

超重-星舰项目包括贮箱试验、发动机静态点火试验、亚轨道发射和轨道发射。如果能持续获得成功,SpaceX 将减少试验性运行,而增加超重-星舰火箭的轨道发射。表 4 为 SpaceX 公司每年拟开展的试验与发射事项及数量。

表 4　SpaceX 公司每年拟开展的试验与发射事项及数量

事　项	时　段	研制阶段	运营阶段
星舰的发动机静态点火	白天	150 s	150 s
超重的发动机静态点火	白天	135 s	135 s
星舰的亚轨道发射	白天或夜间	20 次	5 次
超重的发射	白天或夜间	3 次	5 次
星舰的陆地降落	白天或夜间	23 次	10 次
超重的陆地降落	白天或夜间	0	5 次

(二) 超重-星舰的着陆点

每次超重-星舰轨道发射都包含一次超重助推级的快速返回与着陆。着陆点在 VLA,亦或在下靶场的墨西哥湾或降落在位于墨西哥湾的浮动平台上,距博卡奇卡海滩不小于

30.6 km 处。

由于目前超重-星舰项目仍处于前期研制阶段,SpaceX 还未确定全部拟建的着陆点。2021 年 9 月发布的 PEA 草案对超重-星舰首次轨道发射拟选用的夏威夷州着陆点进行了评估,该着陆点距夏威夷州太平洋导弹靶场的考艾岛北面约 114.8 km。

(三)超重-星舰的返回着陆回收

发射升空后,超重的发动机将在约 64.4 km 的高度关机,并与星舰分离。随后星舰的发动机启动并点火燃烧,进入预设的轨道。在与星舰分离后,超重将进行旋转,实施反向点火,以将其处于能够着陆的正确姿态。一旦超重进入正确位置,其发动机将关机,随后通过大气层阻力进行可控性的缓慢下降,引向着陆位置(类似目前猎鹰 9 号火箭助推器在卡纳维拉尔角太空军站的着陆)。当靠近着陆位置时,超重的发动机将启动点火,实施可控性的垂直着陆,然后进入自动保护程序。星舰结束轨道任务后的返回着陆及着陆点选择与超重基本相同。

如果星舰或超重降落在下靶场的浮动平台上,首先通过驳船将其运至布朗斯维尔港,然后再通过运输车运至博卡奇卡发射场。当星舰或超重着陆在 VLA 后,SpaceX 将其从着陆平台运往附近的发射场区,或运往某一生产场区进行整修。

(四)超重-星舰的碎片回收

开展初期无人轨道发射时,SpaceX 不会回收星舰或超重。这是因为每个芯级都会受到水面的冲击而破碎,此外超重-星舰的大部分钢制部件会沉到海底,而非钢制的轻质部件(如复合材料压力容器)则可能会飘浮,但最终会浸透海水而沉入海底。如果是大碎片,SpaceX 会协调专门从事海洋碎片打捞的企业,进行位置勘测,将其沉底或根据需要加以回收。

(五)甲烷与液氧的制取

超重-星舰所需的液氧和液体甲烷将通过空气分离装置加以制取。空气分离装置将空气进行除湿、液化和分离,转换成液氧和液氮。液氧保存在发射台区的储罐中,并通过热交换器形成过冷液氧,用于发射加注。大部分液氮用于天然气液化并生成甲烷,其余则存储用于推进剂致密化。在将输送到发射场的天然气进行液化前,首先将其通过排氮-脱乙烷装置和热交换器生成液体甲烷,然后将液体甲烷保存在储罐内,待发射时加注。

(六)甲烷与液氧的排放

每次加注超重-星舰时,将会向大气中释放约 7 t 的液体甲烷。每次亚轨道发射结束后,将约有 10 t 的液氧和液体甲烷留置在星舰体内。每次轨道发射结束后,超重-星舰将有残留的液氧和液体甲烷(约有 4 t 甲烷留存在超重)。为避免对人员造成危害,SpaceX 不能将留有液体甲烷的运载器与地面系统再次相连,而拟将甲烷排放到大气中,这部分甲烷会在数小时内蒸发。未来随着技术的发展与设计改进,SpaceX 会将甲烷送回储罐内。

(七)喷淋水的处置

水喷淋系统约 50% 的水在使用时会蒸发,如果需对喷淋后的废水加以处理,则将置留在发射台座附近的置留池中。SpaceX 将根据喷淋水的容量和场区建设最终方案确定置留池的数量、位置和大小,并根据其与得克萨斯州环境质量委员会的样本协议与水质量标准,将超标的污染水清除并送往附近的工业废水处理厂房。同时,将全部未被污染的水通过泵装置送回VLA 内的储水罐。

（八）水淡化处理

SpaceX 通过热蒸馏法进行井水淡化,每分钟从水井抽取的水量约 151.4 L。灌注池安装在 899 m 深的位置,盐水以 56.8 L/min 的速度注入池中加以处理。经淡化处理后的水将存储在 VLA 的地上储罐内,用于试验与发射时的喷水降噪及消防。

（九）异常情况的处置

SpaceX 预计需要长达 300 h 的异常响应时间来解决异常情况导致的影响,包括用于清除碎片的时间,但不包括正常情况下的关闭时间。实施亚轨道或轨道发射期间,超重-星舰将配置一个推力终止或破坏飞行终止系统,或两者均配置。在运载器偏离预定轨迹时,通过启动上述两个系统炸毁运载器。

（十）周边区域的封闭

SpaceX 在开展贮箱测试、加注合练、发动机静态点火试验以及发射（亚轨道和轨道）期间,限制公众进入 VLA、安防区和水域附近。拟封闭的区域包括博卡奇卡海滩,从布朗斯维尔船运河道南端至湾海岸区的美国/墨西哥边境沿线。布朗斯维尔船运河道在轨道发射及某些亚轨道发射期间会受临时性限制,但在贮箱测试、加注合练或发动机静态点火试验期间不会受到限制。

SpaceX 每年实施正常的发射、贮箱测试、加注合练或发动机静态点火试验所需的总封闭时长将会达 500 h。

（十一）人员规模

超重-星舰试验与发射将配置长期性和临时性人员。预计现场的 SpaceX 及承包商全职人员最多将达 450 人。

四、后续走向与展望

博卡奇卡发射场于 2014 年 9 月破土动工,2015 年下半年开始建造各类地面设施设备,目前 SpaceX 公司正进行组装发射塔与 Mechazilla 机械臂系统间的配装,并在 2021 年 10 月 21 日对安装在星舰 SN 20 上的单个猛禽发动机进行了两次短暂点火,这是首次涉及真空型发动机的测试。

虽然 FAA 在 2021 年 9 月 PEA 草案中指出的严重性问题并不多,认为 SpaceX 公司可以继续推进超重-星舰系统的轨道发射,且只需采取更多减缓措施,但随后的公开听证会显示,各方存在严重分歧。反对者认为超重-星舰项目已对环境产生了较大影响,而 PEA 草案低估了轨道发射带来的更大危害,因此呼吁 FAA 发放发射许可证之前,编制一份更详细的 EIS,但这可能需要数月甚至几年时间才能完成,这将可能导致超重-星舰正式运营的推迟。

此外,PEA 草案可能只适用超重-星舰系统在博卡奇卡发射场的初期发射,因其只假定星舰在研制阶段每年进行大约 20 次亚轨道和 5 次超重-星舰轨道发射,但 SpaceX 预测的实际需求量可能大大超过所计划的次数,从而会要求对可能产生的环境影响进行重新评估。

无论 FAA 的最后判定结果如何,博卡奇卡发射场业已成为展现和实施马斯克与 SpaceX 的先进技术与宏伟目标的试验田。若其最终能建成并投入正式、全面运营,将会继续推进美国政府鼓励私营企业的航天活动以强化和扩大美国空间运输基础的发展目标,满足实施更高效率、更高效用空间运输方式的要求,实现高性价比的月球和火星货运与载人运送任务。

(北京特种工程设计研究院)

美国国家航空航天局应对新冠肺炎疫情的响应策略与远程运营分析

摘要： 新冠肺炎（COVID-19）疫情暴发并席卷全球，对世界经济和社会运转造成了巨大冲击，航天领域也未能幸免，任务运营模式由此发生了相应变化。本节简述了新冠肺炎疫情对航天活动的影响，概述了美国国家航空航天局（NASA）制定的四级疫情响应策略，综述了NASA 在疫情期间远程运营的情况，总结了远程办公模式的总体优缺点，探讨了远程办公模式成为航天任务运营新常态标准的发展趋势。

一、新冠肺炎疫情对全球航天活动的影响

新冠肺炎疫情在全球暴发与蔓延，世界每个国家和行业都未能独善其身。美国以及欧洲许多航天机构、企业和项目受到的影响首当其冲，包括但不仅限于：工作场所和设施的关闭、员工和承包商强制性转为远程办公、团队协作和国际合作的效率降低、材料短缺、供应链中断、原有时间表延期等。

（一）机构运营、硬件研制及发射测试暂停或延期

NASA 下属各中心、欧洲航天局（ESA）圭亚那航天中心相继进入暂停与限制状态；Exo-Mars 火星车任务、航天发射系统（SLS）火箭与猎户座飞船的首飞、阿里安 6 火箭的首飞都因疫情推迟到 2022 年；延期 13 年之久的詹姆斯·韦伯太空望远镜再因疫情停工和技术问题从 2020 年 3 月推迟到 2021 年 12 月，南希·格雷斯·罗曼太空望远镜的整个项目进度因疫情延期 7 个月；ESA 的 4 项空间科学任务转为临时性待机模式，以减少欧洲空间运营中心内的人员数量，国际空间站哥伦布舱段控制中心实施社交疏离措施；最早封关之一的俄罗斯在疫情初期采取的各项措施效果显著，但随着确诊病例增多，俄罗斯国家航天集团取消了国际空间站第 63 长期考察组飞行前发布会以及暂停了萨马拉航天中心的生产；印度在 2021 年成为新冠肺炎疫情最严重的国家之一，其首次载人航天飞行很可能会推迟到 2023 年。

（二）航天业务活动被迫延期、取消或转为线上

疫情不仅影响到原定发射计划、航天器研制及航天企业发展，很多航天研讨会和活动也被迫取消、延期或转为线上模式，包括联合国和平利用外层空间委员会法律小组委员会会议、美国载人探索与行动委员会会议、美国航天基金会第 36 届太空研讨会、NASA 地球科学与太空科学活动、美国宇航学会年度"戈达德纪念研讨会"、欧洲南方天文台德国加兴总部公众活动等。

（三）航天经济遭受巨大损失，商业航天企业举步维艰

新冠肺炎这只"黑天鹅"给各国航天领域造成了巨大损失，NASA 损失近 30 亿美元（截至 2021 年 4 月），欧洲航天业损失约 10.8 亿美元（截至 2020 年 5 月），俄罗斯国家航天集团损失约 3.7 亿美元（截至 2020 年 10 月）。

新冠肺炎疫情下的投资者更加谨慎，寻求资本的安全而不是业绩表现，这就导致航天工业的融资非常困难。一网公司因无法融资而导致最终宣布破产，毕格罗航天公司也暂时遣散所有员工以渡难关（但据有关媒体称这种遣散很可能是永久性的），从事商业太空旅游的维珍银河公司也在疫情冲击下举步维艰。

在应对新冠肺炎疫情的过程中，为确保人员的安全和健康，参与任务的人员规模受到更加严格的控制，由此针对航天任务的组织实施与运营模式也发生了相应变化，远程办公在短时间内从非主流的"可选项"，变成常态化"首选项"。

二、NASA 针对新冠肺炎疫情制定的响应策略

NASA 下属的 10 个中心分布在美国各地，基于所在地区的疫情程度，受到的影响各不相同。NASA 于 2020 年 3 月 7 日宣布关闭艾姆斯研究中心后制定了严格的四级响应策略，进行员工疏散并实施远程办公，同时根据疫情发展态势确定各类任务是否继续、缩减或暂停。

（一）限制进入工作现场的四级策略

NASA 针对新冠肺炎疫情制定的四级响应策略及相关规定与要求主要涉及进入下属各中心、健康与安全、会议与事件以及出差/旅行等四个方面。该四级响应策略仅适用于 NASA 员工，承包商员工应对疫情则要联系各自企业的管理部门。表 1 为 NASA 各中心的四级限制进入响应策略。

表 1　NASA 各中心的四级限制进入响应策略

类　别	一　级	二　级	三　级	四　级
进入下属各中心	·全部可访问 ·远程办公准备	·鼓励员工通过远程办公模式完成相应工作 ·取消/推迟访问 ·只允许关键任务的访问者进入，但需批准	·强制远程办公 ·限制现场工作，只允许基本任务功能和经批准的关键任务	·强制远程办公 ·关闭除需实施基本任务功能的人员外的设施
健康与安全	·执行社交距离 ·洗手并可随便使用洗手液	·关闭健身中心 ·诊所推迟体检 ·执行社交距离 ·洗手并可随便使用洗手液	·限制中心内的堂食，只可打包带走 ·关闭日托中心 ·诊所开放，仅保障基本任务和关键任务的人员	·关闭所有设施
会议与事件	·如可能，召开网络会议，远程参与 ·减少面对面的会议与大型集会	·召开网络会议，仅远程参与 ·取消或推迟大型面对面会议与集会	·召开网络会议，仅远程参与	·召开网络会议，仅与事件相关的人员远程参与

续表1

类　别	一　级	二　级	三　级	四　级
出差/旅行	·减少非关键任务性出差/旅行	·只允许关键任务的出差/旅行	·只允许关键任务的出差/旅行	·停止全部出差/旅行

注：①前往或来自处于第三级或更高级别响应状态的各中心的出差/旅行，或前往处于第三级或更高级别响应状态的国家，要求持有获批的例外出差/旅行申请表；②关键任务是指必须执行以将对任务、项目运营和/或进度的影响最小化以及无法实施远程/网络运行的工作；③基本任务功能是指在应急情况下，必须在最少间断情况下维持 NASA 的主要任务和基本功能，主要集中于保护生命和财产以及确保 NASA 领导层与管理控制。

（二）重返工作现场的四级策略

同年 5 月，新冠肺炎疫情暴发后的三个月，美国社会出现复苏的迹象，NASA 公布了下属各中心将如何从新冠肺炎疫情响应方案的最高级别（四级）进行依次降级的策略，逐步放开以开展更多的现场工作，但并未急于全面解除各中心的限制。表 2 为 NASA 各中心的四级重返工作现场策略。

表 2　NASA 各中心的四级重返工作现场策略

类　别	四　级	三　级	二　级	一　级
进入下属各中心	·强制远程办公 ·关闭除需实施基本任务功能的人员外的设施	·强制远程办公 ·对基本任务和经批准的关键任务的现场工作加以限制	·必须返回工作现场的员工在获得批准/监管后可以返回 ·其他所有员将继续远程办公 ·只允许经批准的关键任务访问者进入	·全部可访问 ·在获得监管批准后，鼓励可通过远程方式完成工作的员工继续远程办公
健康与安全	·关闭所有设施	·限制中心内的堂食，只可打包带走 ·关闭日托中心，健身中心仍关闭 ·诊所开放，仅保障基本任务和关键任务的人员 ·遵守中心/设施安全协议	·日托中心可开放 ·若能实施强化的卫生程序、社交距离并保持常态化的消毒，则可重新开放健身中心 ·诊所推迟体检 ·遵守中心/设施安全协议	·遵守中心/设施安全协议
会议与事件	·召开网络会议，仅与事件相关的人员远程参与	·召开网络会议，仅远程参与	·若无法实现"身体距离"，则应避免举办超过50人的会议或集会，除非事先制定了预防措施	·如可能，召开网络会议，远程参与 ·减少面对面的会议与大型集会
出差/旅行	·停止全部出差/旅行	·只允许关键任务的出差/旅行	·可重启，但不能前往那些入口处没有检查要求的区域，或不予批准疫情反弹区域的出差/旅行	·减少非关键任务的出差/旅行

注：有关出差/旅行、关键任务、任务基本功能等诸项要求同表1。

三、疫情下的 NASA 远程运营情况

NASA 在 2020 年 3 月 6 日安排了一个"远程工作日",尝试在远程状态下保持计划和规程的井然有序。当艾姆斯研究中心 3 月 7 日宣布关闭,马歇尔航天中心 3 月 14 日进入疫情响应第三级后,NASA 于 3 月 17 日宣布所有员工和承包商开始强制性远程办公。3 月 23 日,在肯尼迪航天中心确诊首例新冠肺炎感染者后,NASA 对新冠肺炎疫情影响开展评估,并根据评估结果关闭了米楚德装配厂和斯坦尼斯航天中心。4 月 9 日起,NASA 下属 18 个场区中的 11 个进入第四级阶段,只保留安保人员及应急特例。同时将研究方案评审委员会从亲临现场审查转为线上会议。

2020 年 5 月,NASA 公布了下属各中心将如何从其新冠肺炎疫情响应方案的最高级别(四级)进行依次降级的计划,逐步放开以开展更多的现场工作,但并未急于全面解除各中心的限制。NASA 于 2020 年 6 月 9 日在美国国家科学院航空航天工程委员会和空间研究委员会会议上表示,停止远程办公模式仍需时日且无法预测,是否允许开展更多的现场工作将会依据抗体试验或新冠疫苗的进展而加以确定。

四、远程办公模式的优劣势

新冠肺炎疫情暴发与蔓延,航天领域如何在人员健康和业务运营之间保持平衡,远程办公的优势、重要性和必要性再次凸显,成为继续开展任务运营的首要选择。不过,任何事情都有其利弊两面,脱离时空桎梏的远程办公是一柄双刃剑。NASA 在疫情期间实施大范围远程办公时就面临一系列难题:技术团队不能经常见面,如何保证各类信息及时、准确且完整地传递;如何在非面对面的场景中,使每个参与者能完整了解工作流程;如何保证工作进度、质量和效率;如何选择高效、通畅的协同平台。

(一)优 势

远程办公的总体优势主要体现在:①可利用信息技术跨越时间和空间的阻隔,节约大量的协调与沟通时间;②可节省经济成本,减少办公空间和设备等相应支出;③可节省通勤时间,且工作时间灵活;④可降低人员在实体办公室里的压力;⑤可更好地平衡工作和家庭的需求;⑥可更精确量化衡量和考核员工的产出水平。

远程办公模式的确对 NASA 原本的工作状态产生了一定影响,某些工作可能转换得较为容易,如分析数据的技术人员或评审方案的采办代表,他们只需通过便携式电脑和互联网就可办公。NASA 的绝大多数人员均已具备远程办公的条件,即使取消限制,也会继续保持这种工作模式,其主因是他们属于高风险健康级别人员,或者他们认为这种模式效率更高。NASA 管理层表示,未来将几乎无人配有永久性办公室,大部分时间在家工作,通过"旅馆式办公"模式来完成需要亲自到现场的工作。如果能开展更多的远程办公,将会大大减少 NASA 总部及其他场所的办公面积。

（二）劣　势

远程办公的总体劣势主要体现在：①管理者对员工的监督力下降，减少了员工与管理层间的沟通；②远程语音视频会议、文本协作、文件共享等都对软件平台提出了更高要求；③远程办公过程中的沟通可能会造成理解上的误区；④工作时间可能无限延长，工作与生活较难分隔，需更有计划性和专注性；⑤网络安全问题。

NASA 在新冠肺炎疫情期间最难以决策的是针对一些处于试制阶段的项目，而远程办公模式对这些正在研制硬件且需要大量人员进行现场紧密协作的项目而言非常不适用，因为保持所要求的一定距离是很难或不可能的。詹姆斯·韦伯太空望远镜项目进度缓慢是因现场人员从原本 45～50 人减少到 15 人所导致的，并由此设定新的操作规程以确保适当的工作距离。然而进入可部署塔组件的测试阶段时，相关操作又再次暂停，因为此节点工作需 NASA 和诺斯罗普·格鲁曼公司的技术团队全员参与。面对面完整、正确的信息传递和沟通是非常有必要的，有时面对面的 10 s 交流，则可能节省 30 min 的线上会议，这也是 NASA 针对 SpaceX 公司 Demo - 2 载人飞行任务采用现场审查而非网络会议的主要原因。集中性亲临审查可使评审者直面询问，并且还可在会议间歇进行私下交流，而网络会议则不可行。

扩展化的远程办公加大了人员的压力，因它彻底消除了家与办公室间的界限，最令 NASA 管理层担忧的是"职业怠倦症"，远程办公会使人每周工作超过 40 h。微软 2021 年 3 月 22 日发布的《2021 年工作趋势指数》报告显示，Microsoft Teams 平台上超过六成的电话和会议都是在计划之外"临时发起的"，这使员工们有一种随时候命的感觉。NASA 主管载人探测与运营的代理副局长肯·鲍尔索克斯向委员会表示，若不开展远程办公，就能提前掌握员工们何时会出现工作超负荷的时间点，并能合理处置；但在远程办公模式下，由于工作时间延长，员工们更易愤怒，而这种现象不仅出现在 NASA 内部，NASA 主管科学项目的副局长托马斯·祖布臣的妻子就对其智能手机收到信息时感到气恼，因她知道将会在 30 min 或 1 h 左右见不到他。随着 NASA 逐步适应未来更大的远程办公模式，也正在采取措施以设定一些限制要求，从而避免出现"职业怠倦症"以及保护员工婚姻。

此外，由于整个美国在疫情期间的远程办公人数达到了史无前例的程度，一部分 NASA 员工表示无法通过协作工具访问远程会议平台。NASA 随后提供了数项备选方案，但认为何时能解决该问题尚不可知。

五、远程办公将成为航天任务运营的常态模式

航天领域实际上是远程工作模式的"先行者"。20 世纪 60 年代"阿波罗"计划时期，NASA 休斯顿任务控制中心的技术团队就为月球表面上的航天员进行太阳能系统的远程操作。然而，科学技术快速发展至今，NASA 的设计、研发与运营工作仍停留在 60 年前的模式，在如今真正的远程工作模式实现之际仍处于发展曲线的底端。虽然"好奇号"漫游车的控制人员可在家里按下按钮，通过远程操作使漫游车在火星表面运行，但这只是一个例外而非规则，只是基于新冠肺炎疫情才实施的一种临时性措施。

研究预测显示，在新冠肺炎蔓延的态势下，政府性航天机构仍会通过实体型任务控制中心完成特定的安全与其他运营任务，但对许多行业而言远程办公模式目前已是一种新常态，从单

跳通信组网系统(one hop)转入两跳通信组网系统(two hops),并已证明通过软件平台有效发挥了其无障碍作用,能在目前新冠肺炎疫情隔离态势下成功地开展不间断性业务。像 Planet、Spire 等新兴企业正探讨在新冠肺炎疫情形势下如何开展航天器远程运营研究,并已能通过美国硅谷的"软件核心"思维观念应用远程运营模式,继而将卫星运营(SatOps)替换为开发与运维(DevOps)。Planet 公司运营着全球最大的遥感卫星系统,约有 150 颗卫星在轨运行,包括卫星运营团队在内的公司员工均居家办公,通过自行设计的航天器管理系统对在轨航天器进行远程操作与监控,能不间断地为用户提供所需的图像和服务,并未出现任何障碍性问题。由此,美国研究人员提出,新冠肺炎疫情是 NASA 利用先进的远程办公技术迎接新挑战的机遇。

(一)从单跳系统转入两跳系统

航天领域从起步之始就实施单跳通信组网系统的远程运营模式,即从某一固定的中心节点(如总部),对某个场点(如一个航天器办公室)进行远程控制与运营。图 1 为单跳系统与两跳系统下的任务运营区别。

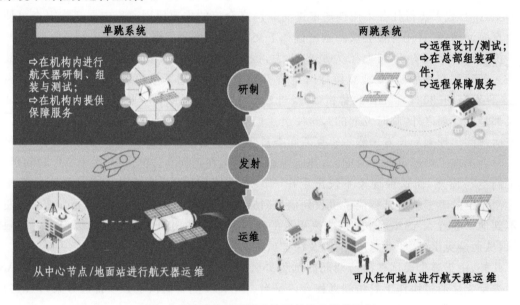

图 1   单跳系统与两跳系统下的任务运营区别

随着全球可访问性趋势成为行业发展的未来标准,两跳通信组网系统将逐步成为远程工作的协作型方案,从各个节点(个人→互联网+互联网→个人)加以实现,并将成为一种新的工作标准,其可访问性和功效方面超越了单跳系统。它不仅可用于多个行业,而且具有更方便、高效的特性;不仅体现在远程工作方面,而且可在任一地点、任一时段,按照任一设定的进度计划通过互联网进行远程操控。新冠肺炎疫情时期已验证了未来远程办公模式的可行性,将传统办公模式中的办公面积、通勤时间及人力资源团队等一部分障碍逐一清除,这意味着中心节点不再是完成工作的障碍或要求。

如果航天机构和企业开始接受两跳方式这种新工作模式,并配置一个两跳系统,则将能从目前尚未得到开发和利用的大量技术中获得可观价值,其技术团队将能更好地优化工作计划,员工们无须进入办公室,也无须再配备一名程序员或设计人员在航天器旁边进行测试或升级软件,当航天器进入太空后,如果可通过互联网访问,也无须在地面天线旁配备操作人员或软件工程师,由此可以减少大量支出。

研发航天器飞行软件和云基任务控制系统且100%远程运营的企业Kubos公司认为,根据目前所应用的技术,从技术角度而言没有理由要求操作人员驻留在卫星天线的视距范围内,甚至无须处于同一时区。该公司曾向受到新冠肺炎疫情影响的航天器运营企业免费提供称为"汤姆少校"(Major Tom)的任务控制系统,包括跟踪、遥测与遥控等航天器运行所需的主要功能。

(二) 从 SatOps 转为 DevOps

对于航天器运营商而言,能在全球任何地点进行DevOps工作才是真正的终极发展目标。

DevOps是一种将运营和逻辑集中于软件而非人员的方法,使用DevOps设计和运营航天器意味着开发人员能设计各种代码块、系统块和应用程序块,而这些分块通常能按需加以复用、重组和重构,以实现任务目标。DevOps可用于协助开发人员进行诸如自动测试、软件部署和性能测定,最为重要的是,它仅需通过互联网就可实现一个两跳系统,从而可代替原有要按照标准操作规范(SOP)工作的卫星运营商,能快速、精确、安全地识别和响应航天器运营和异常,其基础设施由开发人员管理而非运营商。图2为DevOps架构示意。

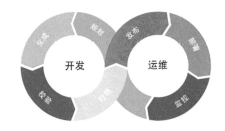

图 2　DevOps 架构示意

DevOps不仅包含软件设计与部署方法,而且还包含了一种思维观念。这种要求利用DevOps的思维观念是一种灵活、分散型活动,无法在"竖井"式环境(只注重眼前利益的部门本位主义)下发挥作用,而是依靠灵敏性概念使各种技术在诸如远程办公条件下发挥作用最大化,最为重要的是具有在实时(或比实时更快)条件下对其自身进行视情而定与调整以维持和改进系统的能力。NASA在20世纪60年代所定义的远程运营概念是一种单跳系统,只需接收来自地面技术团队和飞船里的航天员的输入值即意味着成功。随着当前大量先进技术的应用,继续将"人"作为任务运营的关键参与者则会限制航天领域的发展,因此为了具备更强大的竞争力,航天业需通过"软件"来发挥"运维"作用,同时使技术团队发挥开发作用。

随着中心节点对完成大多数的关键工作已变得不那么重要,航天机构和企业将会根据自身技术能力和发展机遇的最大限度来接受远程工作模式。未来目标是能从任一地点(发射前和发射后)进行远程运营(两跳系统)。

六、结束语

　　远程工作模式对许多航天企业而言是一种转变，远程运营方式使各项业务得以照常运行现已迅速地成为一项必备能力。目前仍无法确定新冠肺炎疫情还会持续多久，但巨大的需求已瞬间引爆了远程办公市场，并对航天领域的工作模式产生了一定影响。

　　根据 NASA 总监察长办公室 2021 年 3 月发布的报告显示，NASA 目前的 30 个主要航天项目中，只有 3 个项目受到轻微影响，15 个项目受到中度影响，12 个项目受到严重影响。NASA 在新冠肺炎疫情期间通过有效的响应策略与远程办公措施，在一定程度上降低了疫情造成的影响。然而，当"好奇号"火星漫游车的任务团队在疫情好转时返回休斯顿任务控制中心的办公室后，是否仍能继续接受远程工作思维观念，还是会按照以往的工作模式推进工作。使 NASA 的技术团队从 20 世纪 60 年代形成的传统任务运营模式观念中加以转变，将远程运营任务模式变成常态化工作手段，可能仍需要克服非常多的障碍。

（北京特种工程设计研究院）

附 录 篇

2021 年大事记

1）1月6日，天鹅座飞船携带空间站的废弃物与国际空间站（ISS）分离。按计划，分离后飞船将在轨道上停留至1月26日，开展包括密闭空间燃烧实验在内的一系列科学研究，之后在大气层中烧毁。

2）1月12日，美国国家航空航天局（NASA）宣布与日本政府正式签订了日本参与月球"门户"平台合作协议。根据协议，日本将为由欧洲牵头研制的"国际居住舱"提供环境控制与生命保障系统、蓄电池、热控制及相机等组件。日本宇宙航空研究开发机构（JAXA）还将为由诺·格公司研制、2023年底运送"门户"平台动力与推进组件的"居住与后勤前哨站"舱段提供蓄电池，此外还将对其下一代HTV－X货运补给飞船进行研究改造，为"门户"平台提供支持。

3）1月13日，承担NASA第21次国际空间站商业补给任务（CRS－21）的SpaceX新版货运龙飞船返回并首次溅落在佛罗里达州坦帕市以西的大西洋海面。该飞船返回携载了约1 995.8 kg科学实验物品和其他货物，这也是自航天飞机退役后执行的首次科学实验物资携载返回任务。与第一代货运龙飞船在太平洋海面溅落有所不同，在大西洋海面溅落能在最短时间（4～9 h）内将飞船携载的各种货物送入肯尼迪航天中心的国际空间站处理厂房供研究人员分析，从而使科学实验物品在返回过程中受到微重力效应损失达到最小。

4）1月17日，NASA对航天发射系统（SLS）首飞箭芯级进行了首次芯级点火试验，即4台RS－25发动机联合试车。不过，发动机仅点火工作了约1 min，并没有达到SLS飞行任务中所需要的8 min的工作时长。导致试验提前终止是出于对芯级飞行件的安全考虑而在试验参数设计上过于保守，没有充分发挥系统的冗余能力，而非芯级与发动机硬件问题。

5）1月26日，国际空间站美国航天员麦克·霍普金斯和维克多·格洛弗执行了一次舱外活动，此次出舱活动持续6 h56 min，两位航天员未能成功将新的巴托洛米奥科学平台的电缆与国际空间站相连。巴托洛梅奥平台是首个在轨商业设施，其设计目的是在微重力下开展3D打印等科学实验，平台长约2.4 m，宽约2.1 m，目前安装在空间站哥伦布舱外，由Airbus公司负责运营。平台有12个科学实验舱槽位，还配有一条可与欧洲操作人员沟通的高速通信链接。

6）2月3日，美国SpaceX公司在位于得克萨斯州博卡奇卡的试验场对星舰SN9原型机进行了高空试飞。SN9达到了约10 km的高度。但着陆失败，发生剧烈爆炸。这是星舰原型机的第二次高空试飞。SpaceX公司认为此次试飞验证了上贮箱的改进，并在亚音速再入方面表现出了良好的性能。

7）2月5日，美国国防部高级研究计划局发布"新型太空与月球制造、材料与大型高效设计"计划，将开发在太空与月球建造大型结构的设计、材料与制造技术。该计划发布后，立刻引发法律和政治上的巨大争论，认为该计划可能违反了《外层空间条约》关于美国国防部在月球或太空可以做什么和不能做什么的规定。

8）2月9日，阿联酋希望号探测器经历了 $4.94×10^8$ km 的长途飞行后成功进入环火轨道。这是阿拉伯世界首个深空探测任务，也是世界上第 5 个把探测器送入环火轨道的国家和组织。

9）2月12日，美国国家科学院发布《用于火星探索的太空核推进》的研究报告。报告称，如果 NASA 希望在未来 20 年内实现载人探索火星，那么就应该寻求研发太空核推进技术，这样可以极大减少前往火星的时间，但现在还需克服核热推进（NTP）和核电推进（NEP）等方面存在的重大障碍。

10）2月15日，俄罗斯联盟-2.1a 运载火箭携带进步 MS-16 号货运飞船从拜科努尔发射场发射升空。原计划两天后以自动交会对接模式停靠在国际空间站上，但在对接过程中，飞船偏转对接轴线，侧倾角超过了 30°，进步 MS-16 号货运飞船无法与国际空间站自动交会对接。最终，在飞船与国际空间站相距约 20 m 处，俄罗斯航天员谢尔盖·雷日科夫通过手动模式，实现了飞船与俄罗斯船坞舱的对接。此次任务，进步 MS-16 货运飞船向国际空间站运送了 2 460 kg 货物，其中除了燃料、水和科研设备，飞船还运送了修复装置，用于修补星辰号（Zvezda）服务舱转移段的空气泄漏点。

11）2月19日，承担 NASA"火星 2020"任务的毅力号漫游车成功在火星表面的杰泽罗环形山内着陆。毅力号将用于研究火星地质，搜寻火星过往的生命迹象，验证利用火星大气中的二氧化碳制氧的能力，采集和储放岩石和土壤样本。毅力号于 2020 年 7 月发射升空。

12）2月20日，诺斯罗普·格鲁曼公司利用安塔瑞斯-230＋运载火箭从沃罗普斯发射场成功发射天鹅座货运飞船。飞船飞行约 40 h 后抵达国际空间站，通过操作机械臂完成对接与停泊。此次任务编号为天鹅座 CRS-15，是天鹅座飞船的第 15 次国际空间站补给任务，也是第二阶段"商业补给服务"合同的第 4 次任务。此次任务中，天鹅座飞船为国际空间站运送了约 3 810 kg 有效载荷，是天鹅座飞船载货量最大的一次任务。

13）2月25日，NASA 将往返国际空间站的商业货运服务价格提高近 6 倍。从地球向国际空间站运送货物价格从每千克 3 000 美元涨到 2 万美元，而返回地球现在将花费 4 万美元，之前为 6 000 美元。航天员在国际空间站开展商业实验的费用为每小时 13 万美元，之前这一价格为 1.75 万美元。

14）2月28日，NASA 航天员凯特·鲁宾斯和维克多·格洛弗完成了一次国际空间站出舱活动，共历时 7 h4 min，期间两名 NASA 航天员为即将送抵的太阳能电池阵升级安装改装套件。至此，为支持空间站的组装和维护，国际空间站航天员已经完成了 235 次出舱活动，航天员已经在空间站外工作了 61 d14 h11 min。

15）3月1日，阿什巴赫就任欧洲航天局（ESA）局长。1990 年，阿什巴赫加入 ESA，自 2006 年以来，他一直领导哥白尼卫星监测计划。2014 年，他成为意大利欧洲空间研究所负责计划与协调的负责人，此外，他还负责 ESA 的地球观测计划。

16）3月2日，日本众议院通过了总额为 4 496 亿日元的 2021 财年航天预算，比 2020 财年航天预算大增 23.1%。此次预算大增，与日本政府决定参加美国主导的"阿尔忒弥斯"计划关系密切。2021 财年航天预算将为参与"阿尔忒弥斯"计划提供 514 亿日元（约合 4.72 亿美元）经费，为推进月球开发技术提供 70 亿日元（约合 0.64 亿美元）经费。

17）3月4日，SpaceX 对星舰 SN10 原型机进行了高度为 10 km 的高空试飞。试验中，SN10 原型机完成了起飞、空中转体、发动机重新点火等动作，并完成了着陆。然而在 SN10 停稳后约 8 min 突然发生爆炸。这是 SpaceX 星舰原型机第三次挑战 10 km 级高空试飞,也是 SN 系列原型机首次成功软着陆,具有重要的里程碑意义。

18)3 月 5 日,俄罗斯军事专家表示,美国计划在国际空间站测试用于监测高超声速导弹发射的设备,将国际空间站用作美军武器装备的试验平台,美国正在树立一个危险的先例。美国太空发展局(SDA)计划在国际空间站上测试的设备名为"红外载荷样机"。该设备工作在红外波段,收集用于研制探测高超声速和弹道导弹发射设备所需的数据。未来,计划将这一设备整合到低轨道导弹攻击预警卫星上。

19)3 月 13 日,NASA 航天员迈克·霍普金斯和维克托·格洛弗完成了一次国际空间站出舱活动,共历时近 7 h。两名航天员用头盔上的摄像机拍摄了舱外活动的视频,并进行了空间站维修,包括为新的欧洲科学平台连接线缆。

20)3 月 17 日,NASA 宣布了"月球有效载荷运送挑战赛"的 6 个胜出者,该挑战赛为了解决"阿尔忒弥斯"载人重返月球计划中运送有效载荷的卸载与处置问题,寻求实用且具有成本效益的实施方案。一等奖是劳伦·费尔提交的轻型充气运送系统;二等奖是 FRD 父子团队提交的 OO.A 系统和 SPaDes 团队提交的可扩展有效载荷运送系统;三等奖是 AA - Star 团队提交的运输车与吊机架系统、Sparkletron 团队提交的模块化月球货物处理系统和温德尔·宗提交的桁架式机械臂。

21)3 月 19 日,联盟 MS - 17 载人飞船执行了重新对接操作,从破晓号(Rassvet)迷你研究舱-1 移至搜索号(Poisk)迷你研究舱-2,旨在联盟 MS - 17 飞船离轨后腾出搜索号舱段上的对接口,方便航天员执行后续的舱外任务。此次重新对接操作,由站上航天员谢尔盖·雷日科夫通过手动模式操作执行,飞船首先飞离破晓号(Rassvet)迷你研究舱-1,至离站约 40 m 的高度,随后绕站飞行,约30 min 后对接至搜索号(Poisk)迷你研究舱-2。

22)3 月 24 日,美国航天员香农·沃克和俄罗斯航天员谢尔盖·雷日科夫分别向休斯敦和莫斯科飞控中心报告,国际空间站的火灾警报和泄漏警报器报警。在地面专家的建议下,航天员按照舱载文件的规定步骤仔细检查了空间站各舱的气密性,确信警报为虚假报警。不久后,站上日本航天员野口聪一说,火灾警报和泄漏警报来自 SpaceX 的载人龙飞船。

23)3 月 29 日,白宫证实,美国政府将重新设立国家航天委员会,协助总统制定国家航天政策和战略,并使美国航天活动能够同步进行。国家航天委员会曾在 1989 年组建,1993 年解散。

24)3 月 30 日,美国 SpaceX 公司的星舰原型机 SN11 进行了高空飞行测试。但在着陆之前,SN11 在空中发生了爆炸。这是星舰今年第三次测试失败。4 月,马斯克披露,爆炸原因是少量甲烷泄漏导致 2 号发动机着火,并烧毁了部分飞船上的电子设备,最终导致准备着陆时发动机的涡轮泵难以启动,发生了爆炸。

25)3 月 31 日,NASA 总检察长办公室发布审计报告,新冠肺炎疫情给该机构造成的损失将达到 30 亿美元,其中约 16 亿美元源自重大项目和计划。

26)4 月 5 日,SpaceX 公司的坚韧号载人龙飞船在国际空间站上执行重新对接操作,从位于和谐号节点舱前端移至天顶方向。坚韧号飞船携带 4 名航天员与国际空间站解除对接,随后移至距空间站 60 m 的位置,接着进行信号捕获和保持、转移机动,经过约 38 min 后重新对接至国际空间站。这是商业载人飞船首次执行重新对接操作,为计划于 4 月下旬执行乘员-2 任务的奋进号载人龙飞船腾出对接口。

27）4月7日，ESA发布《ESA 2025年议程》，这份文件给出了ESA未来4年开展的5项重点工作，包括加强同欧盟的联系、增加商业化活动、制订空间安全与安保计划、应对现有计划所面临的挑战、转变ESA的工作机制。

28）4月9日，俄罗斯在拜科努尔航天发射场利用联盟－2.1a运载火箭成功发射联盟MS－18载人飞船，并将其送入预定轨道。飞船搭载3名航天员，经过2圈飞行，发射3 h23 min后，成功与国际空间站破晓号（Rassvet）迷你研究舱天底点对接。联盟MS－18任务是联盟系列飞船的第146次发射任务，是"联盟MS"系列飞船的第18次发射任务。飞船计划在轨驻留191天后，于10月17日离轨返回。联盟MS－18飞船还携带了约169 kg货物，其中包括俄罗斯计划在轨开展科学实验研究所需物品、消耗性器材、辅助站上工作文件、卫生用品、新鲜食品以及尤里·加加林纪念照片和首次载人航天飞行60周年纪念标识。

29）4月17日，联盟MS－17飞船脱离国际空间站，返回舱在哈萨克斯坦顺利着陆。俄罗斯航天员谢尔盖·雷日科夫、谢尔盖·库德·斯韦尔奇科夫和美国航天员凯瑟琳·鲁宾斯在国际空间站驻守6个月后乘坐飞船返回。他们离开后，包括2名俄罗斯航天员在内的7人留在国际空间站。

30）4月18日，俄罗斯副总理鲍里索夫表示，鉴于国际空间站已经严重老化，空间站运营合约也将于2024年到期，俄罗斯计划自2025年起退出该项目，并着手建造俄罗斯轨道服务站（Ross）。这是4月12日俄罗斯总统普京召开相关工作会议做出的决定，此外，普京还批准了俄罗斯实施月球和火星探测项目。

31）4月19日，NASA总监察长办公室发布《阿尔忒弥斯计划发展状态》报告，对该计划的总体经费需求以及SLS重型火箭、猎户座载人飞船、探索地面系统、月球"门户"以及月球载人着陆系统五大关键系统的研制进展和研发成本进行了分析。到2025财年，"阿尔忒弥斯"计划的总体经费需求为860亿美元；在研发进展上，NASA已经在"阿尔忒弥斯"计划上取得了重大进展，但仍然面临着很多挑战，包括SLS芯级制造、猎户座载人飞船研制、1号活动发射平台的适应性改进、月球"门户"系统研发以及载人着陆系统（HLS）的预算不足等，因此，2024年完成首次载人重返月球目标可能性极小。

32）4月19日，NASA机智号直升机成功从火星表面起飞，在火星表面上方3 m处做了悬停，39.1 s后着陆。这是人类在其他星球上的首次有动力飞行。4月22日和25日，机智号进行了第二次和第三次飞行，并扩大了其飞行剖面。

33）4月20日，NASA毅力号火星漫游车上的名为胆略的仪器，利用火星上稀薄的大气生成了氧，这是人类首次在火星上制氧，将为未来载人火星任务铺平道路。

34）4月23日，SpaceX公司在佛罗里达州肯尼迪航天中心39A发射台利用猎鹰9号运载火箭成功发射奋进号载人龙飞船，执行第二次国际空间站商业乘员运输服务，并实现世界首次载人飞船复用，以及首次复用火箭和复用飞船组合执行载人发射任务。此次任务中，载人龙飞船搭载的4名航天员分别是NASA的谢恩·金布罗、梅根·麦克阿瑟、JAXA的星出彰彦和ESA的托马斯·佩斯奎特。

35）5月3日，78岁的前美国参议员比尔·纳尔逊宣誓就职NASA第14任局长，纳尔逊曾于1986年作为有效载荷专家乘坐哥伦比亚号航天飞机在太空中飞行了6天。

36）5月6日，星舰SN15原型机从得克萨斯州博卡奇卡试验场发射升空，6 min后下降并平稳降落至着陆场，此次是SpaceX公司的星舰原型机首次在10 km高空试飞中实现软着陆。

着陆后,原型机底部发生了一场大火,地面遥控灭火系统在几分钟内就将大火扑灭。

37)5月20日,美国政府问责局(GAO)在发布的一份最新年度报告中指出,NASA的重大项目成本超支情况在2020年仍持续增长,而该问题将会因新冠肺炎疫情而进一步恶化。报告所定义的重大项目是指总成本不少于2.5亿美元的项目。GAO发现,NASA的重大项目费用在2020年上涨超过10亿美元,这是重大项目总体成本连续第五年上涨,而有20个在研重大项目的累计超支额已增长超过了96亿美元。其中,詹姆斯·韦伯太空望远镜(JWST)、猎户座飞船和SLS这三个项目占用了80亿美元,而仅JWST就独占了44亿美元。

38)5月21日,韩国总统文在寅在结束韩美总统会晤后称,韩美将签署协议,韩国正式加入NASA"阿尔忒弥斯"载人登月计划。

39)5月28日,NASA公布了2022财年预算案,预算总额超过248亿美元。其中,深空探索系统领域的预算总额超过68.8亿美元,相比2021财年的实际拨款额增加约3.6亿美元;航天技术领域的预算总额为14.25亿美元,相比2021财年的拨款额增加了3.25亿美元;空间运行领域预算总额为40.174亿美元,与2021财年实际拨款额基本持平。

40)5月31日,新西兰政府宣布签署了由美国主导的"阿尔忒弥斯"协议,成为加入该协议的第11个国家。

41)6月2日,俄罗斯航天员奥列格·诺维茨基和彼得·杜布罗夫顺利完成了一次国际空间站出舱活动,出舱活动共持续了7 h17 min,两名航天员更换了曙光舱调温系统的流体流量调节器的可拆卸面板,飞控中心检查了新连接的面板并确认可用。他们把旧面板放在密封容器里抛进太空,可在大气层燃烧殆尽。

42)6月3日,SpaceX公司的猎鹰9号火箭从肯尼迪航天中心发射货运龙飞船,为国际空间站送去科学研究和技术验证物资,这是第22次空间站货运补给任务,其中包括研究水熊虫如何适应太空环境、微重力是否会影响共生关系、分析肾结石的形成等。

43)6月8日,美国会参议院以68∶32的投票表决结果批准通过一项覆盖领域很广的法案——《美国创新与竞争力法案》(S.1260),其中包括一项NASA授权法案。这项法案最初称为《无尽前沿法案》,主要拟强化研发工作以同中国竞争,授权增加DARPA和美国家科学基金会(NSF)的经费,并在NSF新设一个技术管理部门。法案还包括了一项NASA授权法案,明确了已签发给SpaceX公司的研制合同继续有效。

44)6月15日,巴西宣布签署了由美国主导的"阿尔忒弥斯"协议,成为加入该协议的首个南美国家,也是第12个项目合作国。

45)6月15日,日本通过了《宇宙资源勘探开发相关商业活动促进法》,允许企业勘探、开采和利用太空资源。此举引发了俄罗斯对相关立法的国家提出批评。

46)6月16日,NASA航天员谢恩·金布罗和ESA航天员托马斯·佩斯奎特完成了一次出舱活动,历时7 h15 min,期间两名航天员将一个新的国际空间站延展式太阳能电池板安装到空间站主桁架结构左端安装支架上。这是空间站乘组完成的第239次出舱活动,以支持空间站组装和维护,空间站累积出舱时间达到了62 d18 h28 min。

47)6月23日,ESA宣布,刚刚结束的航天员选拔征集中收到了22 589份申请,该局随后启动申请评估程序,计划选拔4~6名职业航天员,使他们获得相关资格以执行诸如国际空间站长期驻留和美国"阿尔忒弥斯"重返月球计划。此外,还选拔20名储备航天员。这意味着欧洲正推进本土载人航天计划。

48) 6 月 25 日,NASA 和 ESA 两名航天员谢恩·金布罗和托马斯·佩斯奎特完成一次出舱活动,安装了 6 个新的太阳能电池板中的第二个,这 6 个新的太阳能电池板将提升空间站的电力供应。出舱活动共持续 6 h45 min。

49) 6 月 26 日,ESA 成功对其首个空间软件实验平台——OPS-SAT 立方体卫星进行了运行试验,顺利完成了未来欧洲航天飞行运营的"大脑"——"欧洲地面系统-通用核心"(EGS-CC)软件这一新型任务控制系统的首次验证测试,这预示着未来可选择任务飞行方式的新可能性。

50) 6 月 29 日,俄罗斯在拜科努尔航天发射场利用联盟-2.1a 运载火箭成功将进步 MS-17 货运飞船发射进入预定轨道。飞船在轨飞行两天后与国际空间站自动对接,为国际空间站运行和站上航天员工作生活运输物资约 2.5 t。此外,进步 MS-17 飞船在任务末期实施转位飞行,并带离后续发射的科学号多功能实验舱上的对接适配器,为部署船坞号节点舱做准备工作。此次任务为进步系列飞船的第 169 次任务和第 78 次国际空间站补给任务,也是进步 MS 飞船的第 17 次发射任务。

51) 7 月 5 日,NASA 宣布,机智号火星直升机完成第 9 次飞行试验,这次试验也是迄今为止最具挑战性的一次飞行。2021 年 2 月 18 日,作为人类首架火星探测直升机,机智号搭乘毅力号漫游车顺利登陆火星,它依靠太阳能电池板为锂电池充电,重约 1.8 kg,拥有 4 片旋翼。4 月 19 日,机智号在火星完成了首飞。在随后的试验中,项目团队逐渐提高了它的飞行速度和飞行距离。此次,机智号以 5 m/s 的速度飞行了 166.4 s,飞行总距离约为 625 m,成功完成飞行技术验证。

52) 7 月 11 日,英国亿力富翁理查德·布兰森乘坐维珍银河飞船进入太空,他希望这次探险能够开创一个无限潜能的太空旅游时代。此次飞行任务代号为"团结 22",飞行最大高度 85.9 km,整个飞行共历时 58 min,其中失重过程持续约 3 min。

53) 7 月 12 日,美众议院拨款委员会商业、司法与科学分委会审议并通过一项开支法案,计划为 NASA 2022 财年提供 250 亿美元拨款,这个金额比 2021 年实拨金额高出 7.6%,比政府申请额也略高 1%。其中,变化是 NASA 的深空探索项目,高出申请额近 4 亿美元,预计达到 72.8 亿美元,主要提高了 SLS、探测地面系统和探索研发项目经费;科学研究计划经费总体上将比申请额增加 3 800 万美元。经费被砍掉最多的是 NASA 的航天技术项目,经费将会减少 1.45 亿美元,约被砍掉 10%,而 2021 财年实拨金额为 11 亿美元。

54) 7 月 13 日,泰国内阁通过了《航天活动法案》草案,要求新组建一个专职负责制定航天政策的国家机构,并为促进该国与航天相关的经济和技术发展奠定基础。该法案要求设立由总理担任主席的国家航天政策委员会,并组建国家航天活动办公室,辅助该委员会开展工作。

55) 7 月 20 日,蓝色起源公司在西德克萨斯一号发射场利用新谢泼德系统成功实施首次载人亚轨道飞行,将公司创始人兼世界首富贝佐斯等 4 人送入亚轨道,飞行过程持续约 10 min。这是新谢泼德号的第 16 次飞行,也是该乘员舱及其配套助推器的第三次飞行。这也是继维珍银河公司太空船二号之后,本月第二次亚轨道飞行器搭载乘客开展飞行任务。

56) 7 月 21 日,俄罗斯质子号 M 运载火箭从拜科努尔航天发射场成功将科学号多功能实验舱发射进入预定轨道。这是俄罗斯时隔 11 年再次向国际空间站发射核心组件。科学号作为国际空间站俄罗斯舱段部分最大舱段,将进一步扩展其在轨能力。此次任务是质子号 M 系列运载火箭的第 120 次轨道发射任务,也是其首次用于执行国际空间站俄罗斯舱段发射任务。科学号多功能实验舱是国际空间站第 17 个舱段,也是最大的舱段之一,同时是继美国命运号

(Destiny)、欧洲哥伦布号(Columbus)和日本希望号(kibo)后第四个科学实验舱。

57)7月26日,俄罗斯进步MS-16飞船与国际空间站解除对接,同时飞船带走了俄罗斯停泊号(Pirs)舱段。该舱段2001年9月由联盟号火箭从拜科努尔发射,与恒星号服务舱对接,作为对接口和气闸舱使用近20年。

58)7月29日,俄罗斯科学号多功能实验舱与国际空间站对接几小时后出现意外,科学号上的推力器突然点火,导致空间站失去姿态控制,倾斜最大45°,后经进步号飞船和恒星号舱段的推力器进行干预才使空间站得以平衡。后经俄罗斯专家评估,事故是由一个短时软件故障导致。

59)8月6日,美国毅力号火星漫游车成功钻出了首个采样空洞,但发回地面的数据表明,采样管中并未采到火星岩石和土壤样本。NASA分析,采样失败是由于选择的岩石太细碎。9月6日,毅力号再次采样,这次成功完成任务并密封采样管,等待后续任务将采样管带回地球进行研究。

60)8月10日,诺斯罗普·格鲁曼公司利用安塔瑞斯-230+运载火箭从沃罗普斯发射场成功发射天鹅座货运飞船。此次任务编号为天鹅座CRS-16,是天鹅座飞船的第16次国际空间站补给任务,也是第二阶段"商业补给服务"合同的第五次任务。飞船飞行约36 h后,于12日抵达国际空间站,飞船被捕获后在机械臂操纵下与国际空间站团结号节点舱对接。此次任务中,天鹅座飞船为国际空间站运送了约3 724 kg有效载荷。

61)8月26日,蓝色起源公司新谢泼德亚轨道飞行器进行又一次非载人飞行,最大起飞高度为105.9 km。这是"新谢泼德"亚轨道飞行器第17次飞行,也是7月20日载人首飞后的第一次飞行。

62)8月29日,SpaceX公司的猎鹰9-1.2型火箭在卡纳维拉尔角发射场成功发射货运龙飞船,执行NASA"商业补给服务"项目下国际空间站货运补给任务,代号CRS-23。飞船载有2 207 kg的物资和科学载荷,包括5颗微小卫星。本次发射采用了一枚已用过3次的一级火箭和2020年12月飞行回收的飞船。

63)9月7日,韩国宣布一项新举措,从2022年起,韩国政府将把国有航天运载技术转让给本国航空航天企业,以帮助其打入不断扩张的全球航天市场。政府将在2022—2027年投资6 870亿韩元开展此项工作。

64)9月15日,SpaceX公司的猎鹰9-1.2型火箭搭载载人龙飞船在卡纳维拉尔角发射场顺利升空,此次任务4名乘员首次实现全平民,被称为"激励四人组"。9月19日,任务顺利结束,溅落在佛罗里达外海。本次飞行任务共历时71 h3 min,飞行最大高度为575 km的轨道。

65)9月21日,NASA宣布,将目前载人航天探测与运行任务部拆分为两个新机构,即探测系统研制任务部和空间运行任务部。本次机构重组有助于NASA和美国成功地向空间更深处进军,同时支持空间持续商业化和国际空间站的研究。

66)9月27日,英国政府发布国家航天战略,阐述了要把英国建设成为全球重要航天强国的规划。战略确立了英国的五大航天总体目标,包括推动航天经济增长、推行太空中要有"开放而稳定的国际秩序"的价值观、支持研究和创新、捍卫国家利益以及利用太空来应对气候变化等国家和全球性挑战。

67)10月5日,俄罗斯联盟-2.1a火箭从拜科努尔航天发射场发射了联盟MS-19载人飞船。飞船搭载了指令长俄罗斯航天员安东·施卡普列罗夫,俄罗斯电影制片人克利姆·希彭科和演员尤利娅·佩列西尔德。10 月 17 日,联盟 MS-18 飞船搭载 1 名俄罗斯航天员和希彭科和佩列西尔德安全返回地球,他们在国际空间站停留了 12 天,拍摄了一部太空题材电影。

68) 10 月 13 日,蓝色起源公司在其西得克萨斯 1 号发射场进行了新谢泼德亚轨道飞行器的第二次载人飞行,本次任务代号 NS-18。乘员舱在动力飞行段结束后同助推器分离,飞到了约 107 km 高度后借助降落伞实现软着陆。

69) 10 月 15 日,国际空间站经历了一次短暂失衡事故。事故涉及的是俄罗斯联盟 MS-18 飞船,该飞船原定 10 月 17 日将 3 名航天员送回地球,俄罗斯飞行控制人员点燃飞船上的助力器,开展一次飞行前测试,但助力器在试验窗口结束后仍然在工作。这导致了空间站失去姿态控制,偏离正常方位 57°。但飞行控制人员在半小时内稳定了空间站,使空间站恢复正常方位。

70) 10 月 16 日,联合发射联盟公司的宇宙神 5-401 运载火箭在卡纳维尔角发射了 NASA 的"露西"小行星探测器。"露西"是 NASA"发现"行星科学计划下的最新一项任务,耗资 9.81 亿美元。"露西"将在为期 12 年的飞行任务中探测一颗主带小行星和与木星相同轨道上绕太阳运行的 7 颗特洛伊小行星。

71) 10 月 18 日,美国参议院拨款委员会公布了 2022 财年拨款法案草案,该法案给 NASA 拨款总额是 248.3 亿美元,略高于 NASA 248 亿美元的申请额,但低于众议院拨款 250.4 亿美元。

72) 10 月 21 日,韩国航空宇宙研究院(KARI)在全罗南道高兴郡外罗老岛的罗老航天中心对"韩国航天运载器(KSLV)"2 型运载火箭进行了首次入轨试射。点火 1 h 后总统文在寅宣布火箭未能进入预定轨道。KSLV2 型火箭为韩国全国产运载火箭,直径 3.5 m,高47.2 m,重约 200 t,600~800 km 运载能力为 1.5 t,300 km 运载能力为 2.6 t。

73) 10 月 25 日—29 日,第 72 届国际宇航大会在迪拜举行。本届大会由国际宇航联合会、国际宇航科学院和国际空间法学会共同主办,由阿联酋穆罕默德·本·拉西德航天中心主办,主题是"启发、创新和发现以造福人类"。这是阿拉伯国家首次举办国际宇航大会,来自110 多个国家和地区的航天机构负责人出席会议。

74) 10 月 26 日,波兰宣布签署了由美国主导的"阿尔忒弥斯"协议,成为该项目第 13 个合作国。波兰航天局局长表示,"阿尔忒弥斯"协议是加强波美航天合作的第一步。

75) 10 月 28 日,俄罗斯联盟-2.1a 运载火箭在拜科努尔航天发射场发射了进步 MS-18 货运飞船,执行国际空间站货运任务。飞船飞行两天后与空间站成功对接,为空间站带去约 2.5 t 食品、燃料和其他补给物资。

76) 11 月 8 日,SpaceX 公司的奋进号龙飞船返回舱溅落于墨西哥湾,执行 Crew-2 任务的 4 名航天员历经 200 天的太空生活后安全返回地面。

77) 11 月 9 日,NASA 局长正式宣布"阿尔忒弥斯"计划推迟至 2025 年,并将推迟主责归咎于 HLS 诉讼案。此外,往届拨款不足以及特朗普政府 2024 年载人登月的目标技术不成熟等原因也导致了计划推迟。

78) 11 月 11 日,SpaceX 公司在肯尼迪航天中心 39A 发射台利用猎鹰 9 号运载火箭成功发射耐力号载人龙飞船,执行第三次国际空间站商业乘员运输服务。此次任务中,载人龙飞船搭载的 4 名航天员分别是 NASA 的拉贾·查理、托马斯·马什本、凯拉·巴伦和 ESA 的马赛厄斯·毛瑞尔。耐力号飞船在通信软件、计算机性能、自清洁技术等方面进行了提升,避免出现类似奋进号飞船马桶故障的问题。

79）11 月 15 日，俄罗斯进行了一次反卫星试验，一颗代号为宇宙 1408 的卫星在近地轨道解体，形成了数以万计的空间碎片。此举引发美国的强烈谴责。

80）11 月 19 日，ESA 部长级会议在葡萄牙举行，会议批准了一项战略决议，涉及在气候、危机应对和空间资产保护领域设立三个"加速器"以及在载人航天和行星探测领域的两个"激励器"。三个"加速器"分别为"航天助力绿色未来""迅速而具有弹性的危机应对""空间资产保护"；两个"激励器"一个涉及欧洲在载人航天探测领域的地位角色，另一个是要对外太阳系一颗冰卫星开展探测并采样返回。

81）11 月 24 日，俄罗斯联盟 - 2.1b 型火箭在拜科努尔发射场发射了进步号货运飞船，飞船搭载俄罗斯又一个推迟已久的空间站舱段——船坞号。11 月 26 日，船坞号与空间站科学号对接。船坞号是国际空间站俄罗斯的一个节点舱，在轨重量 4 t，球形结构，共 6 个对接口。

82）12 月 1 日，美国政府发布《美国太空优先事项框架》，这是拜登政府首次正式发布太空政策。框架概述了"维持美国太空事业与可持续性太空建设"两类优先事项。

83）12 月 8 日，俄罗斯联盟 - 2.1a 火箭从拜科努尔航天发射场发射了联盟 MS - 20 载人飞船。飞船搭载了指令长、俄罗斯航天员亚历山大·米苏尔金，日本富商前泽友作和他的制片助理平野阳三。

84）12 月 9 日，墨西哥政府宣布签署了由美国主导的"阿尔忒弥斯"协议，成为该项目第 14 个合作国。墨西哥外长埃布拉德称加入阿尔忒弥斯"我们将作为一个群体一起干"。

85）12 月 11 日，蓝色起源公司进行了新谢泼德亚轨道飞行器的第三次载人飞行，本次飞行任务代号为 NS - 19。飞行最大高度为 106 km，起飞约 10 min 后借助降落伞软着陆。本次飞行首次实现满额载客 6 人。

86）12 月 21 日，SpaceX 公司在肯尼迪航天中心 39A 发射台利用猎鹰 9 号运载火箭成功发射货运龙飞船，执行 NASA 的"商业补给服务"CRS - 24 任务。此次飞船为国际空间站运输了约 3 t 的补给物资和科研设备，其中包括将从空间站上部署的 5 颗立方体卫星。此次发射采用了一枚全新的一级火箭并成功实现溅落回收，这也是自 2015 年首次实现一级着陆回收以来的第 100 次回收。

87）12 月 25 日，阿里安航天公司的阿里安 - 5ECA ＋ 型火箭在圭亚那库鲁航天发射场发射了詹姆斯·韦伯空间望远镜。该望远镜是 NASA、ESA 和加拿大航天局（CSA）的合作项目，总耗资超过百亿美元，是迄今为止耗资最大的不载人航天任务。望远镜是诺·格公司承造，总重量 6 160 kg，配备直径 6.5 m 的拼接式空间望远镜，能力超过哈勃望远镜 100 倍。该望远镜部署在距地球 1.5×10^6 km 的日地 L2 拉格朗日点。

美国政府发布《美国太空优先事项框架》

12月1日,美国政府发布《美国太空优先事项框架》,这是拜登政府首次正式发布太空政策。框架概述了"维持美国太空事业与可持续性太空建设"两类优先事项。

一、维持稳健的、负责任的美国太空事业

为在当前与未来持续从太空获取利益,美国需在民用、商业和国家安全部门继续进行充满活力的太空事业。

美国将保持在太空探索和太空科学方面的领先地位。美国将引领太空研究与太空技术开发,推动对月球、火星和其他深空领域的探索,以保持在太空科学与工程方面的全球领先地位。美国开展的载人与机器人太空探索任务将实现首位女性和有色人种登陆月球,推进建设强大的月球生态系统,继续利用人类在近地轨道的存在,并为未来的火星探索和其他太空任务做好准备。

科学任务是将调查宇宙起源,加强对地球、太阳和太阳系的了解。美国将继续与可信赖的航天国家开展数十年的太空合作,并建立与新兴航天国家的伙伴关系。美国将继续利用民用太空活动促进新的商业太空服务,如载人航天运输、建设近地轨道空间站。

美国将开发和使用应对气候变化行动的天基对地观测能力。美国将与公共、私营和慈善部门合作,加快开发和使用对地观测能力,以减缓气候危机、应对气候变化。对地观测数据的公开传播将支持国内和国际应对气候危机的努力。

美国将打造一个政策和监管环境,提升商业太空部门的竞争力,促进其蓬勃发展。美国的商业太空活动处于太空技术、太空应用和太空支持服务的最前沿。为了促进美国工业能力的发展、支持创造更多的就业机会,美国将阐明政府和私营部门的角色与责任,并支持打造及时和反应迅速的监管环境。美国的法规必须为授权和持续监督非政府太空活动提供明确性和确定性,包括在轨服务、太空碎片清除、天基制造、商业载人航天,以及太空资源回收与使用等新型活动。为了在国际上创造自由和公平的市场竞争环境,美国将与盟国和伙伴合作,更新和协调太空政策、法规、出口控制和其他管理全世界商业活动的措施。

美国将与盟国和伙伴合作,打击外国政府的非市场行为,保护美国关键的技术和知识产权,并减少对战略竞争对手关键太空能力的依赖。这些计划将以经济数据和研究为依据,以更好地了解太空经济,并反映负责任和可持续利用太空的重要性。

美国将保护太空关键基础设施并加强太空工业基础安全。太空系统是美国关键基础设施的重要组成部分,其直接提供重要的服务,并支持其他关键基础设施部门和行业。美国将加强太空系统的安全与弹性,使其免受恶意活动和自然灾害的影响;将与商业太空伙伴、其他非政府太空开发商和运营商合作,改善太空系统网络安全,确保频谱接入,并加强太空工业基础供

应链的弹性。美国将加强保护地面关键基础设施,使其免受太空天气事件的影响。

美国将保护国家安全利益免受太空和太空对抗威胁的影响。战略竞争的加剧对美国国家安全利益(包括太空)构成了严重威胁。竞争对手认为太空对现代战争至关重要,将太空对抗能力视为降低美国军事效能、赢得未来战争的手段。为了以维护战略稳定的方式阻止对美国、盟国和伙伴利益的侵略,美国将加速过渡到一个更有弹性的国家安全太空态势,并加强探测和确定太空敌对行为的能力,采取措施保护军事力量免受太空威胁。

为保障太空任务,美国将利用新的商业太空能力和服务来满足国家安全要求,并将美国安全太空能力/活动与盟友和伙伴的能力/活动进行更深度的整合。

美国还将与战略竞争对手进行外交接触,以加强外太空稳定。美国国家安全太空行动将继续遵守国际法,并在负责任地利用太空和管理太空环境方面展示领导力。

美国将投资于下一代。投资科学、技术、工程和数学(STEM)对于将美国的领导地位延续到下一代、培养 STEM 劳动力以推动未来经济发展至关重要。公共和私人组织的 STEM 生态系统将利用太空计划教育下一代,以提高美国人的科学素养,增加科学和技术领域的多样性、公平性、可及性和包容性。未来,太空信息将更易获取,为了使更多的人受益于太空,美国将与商业太空企业合作,利用不断增长的太空经济来支持历史上资源不足和处境不利的群体,使所有美国人都能享受到太空带来的益处。

二、为了当前和未来保护太空

随着太空活动的发展,指导外太空活动的规范、规则和原则也必须不断发展。美国将在负责任、和平、可持续地探索和利用外太空方面发挥领导作用。

美国将带头加强对太空活动的全球管理。美国将使国际社会参与维护和加强基于规则的国际太空秩序;将与商业界、盟国和伙伴合作,促进现有措施的实施,并带头制定促进太空活动安全、稳定、安保和长期可持续性的新措施;将展示如何以负责任、和平和可持续地方式开展太空活动。

美国将加强太空态势感知共享和太空交通协调。美国将继续分享太空态势感知信息,并向所有太空运营商提供基本的航天安全服务;与工业界和国际伙伴合作,带头制定和实施开放、透明和可信的国际标准、政策和做法,为全球太空交通协调奠定基础。

美国将优先考虑太空可持续性和行星保护。美国将与其他国家合作,尽量减少太空活动对外太空环境的影响;将加大努力,减缓、跟踪和补救太空碎片;将推进开发与落实国内和国际最佳实践,以减缓太空碎片的产生,确保未来飞行任务的持续安全;将继续保护地球的生物圈,避免返回地球的航天器造成生物污染;将与商业界、国际盟友及合作伙伴合作,加强对潜在近地物体撞击的告警与减缓。

太空活动为全球经济提供动力,支撑美国、盟国和合作伙伴的国家安全,改善美国人民和全世界人民的日常生活。当前,正处于进入和使用太空的历史性变化的边缘,美国将利用太空解决国内外最紧迫的挑战,同时领导国际社会为当下和未来维护太空利益。

美国国家航空航天局对"阿尔忒弥斯"任务的管理

美国国家航空航天局(NASA)的前三次"阿尔忒弥斯"任务旨在以载人登月为最终目标,但面临不同程度的技术困难,以及新冠肺炎大流行和天气事件的影响,进度进一步延误,这将使发射时间表从当前的目标推迟数月乃至数年。随着"阿尔忒弥斯-1"任务单元在肯尼迪航天中心进行集成和测试,估计 NASA 将在 2022 年夏天而不是计划中的 2021 年 11 月发射。虽然"阿尔忒弥斯-2"任务计划于 2023 年晚些时候发射,但由于任务需要重新使用"阿尔忒弥斯-1"任务的猎户座飞船组件,预计发射将至少推迟到 2024 年年中。考虑到研制与全面测试载人着陆系统(HLS)和新型航天服所需的时间,预计 NASA 将把在 2024 年底将人类送上月球的计划再延后几年。

另外,NASA 缺乏全面、准确的成本估算,无法解释所有"阿尔忒弥斯"项目的成本。2021—2025 财年,该机构使用了前三个任务的粗略估算,其中不包括用于"阿尔忒弥斯-3"任务以外计划任务相关关键活动的 250 亿美元。在汇总各任务主管部门的所有相关成本时,预计到 2025 财年,NASA 将在"阿尔忒弥斯"项目上花费 930 亿美元。尽管该机构采取了多项旨在提高可承受和可持续性的举措以寻求降低成本,"阿尔忒弥斯-1"至"阿尔忒弥斯-4"的单次航天发射系统(SLS)/猎户座多用途载人飞船系统,每次发射需花费的生产和运营成本还是高达 41 亿美元。

一、引言

2019 年 3 月,NASA 承诺在 2024 年,而不是最初计划的 2028 年,载人登陆月球,这一雄心勃勃的计划并非没有风险。不确定因素包括按照研发合同采购与"阿尔忒弥斯"相关的技术和航天硬件时,这些合同的商业利用能力,以及在获取服务和硬件时可能触犯联邦采购条例。除了采购和技术风险外,月球轨道空间站和载人着陆系统项目在 2021 财年获得的资金比最初申请的要少得多。"阿尔忒弥斯"任务的费用开支分布在 NASA 的各个部门,预计到 2025 财年将达到 930 亿美元。拜登政府表示将继续实施"阿尔忒弥斯"计划,资金水平仍在确定中,对 2024 年航天员登月的目标承诺也在不断变化,预计 2021 年底将对时间表再次进行修订。

(一)本报告出台背景

"阿尔忒弥斯-1"计划于 2021 年发射,作为猎户座多用途载人飞船和 SLS 火箭的第一次不载人飞行,其轨道将包括围绕月球的一系列轨道。第二次任务,也就是担负第一次载人飞行任务的"阿尔忒弥斯-2"也将环绕月球运行,并为 2024 年末的"阿尔忒弥斯-3"任务铺平道路。在第三次任务中,猎户座飞船将在月球轨道上直接与载人着陆系统对接,以便航天员往返月球表面。在航天员抵达之前,NASA 计划使用机器人系统探索月球着陆区,作为其商业月球有效载荷服务(CLPS)倡议的一部分。随后的"阿尔忒弥斯"任务将包括在月球上的长期存在,包括使用月球轨道上的轨道空间站系统、月球表面的地面基础设施(如栖息地)和月球车等地面运输工具。NASA 将航天员送上月球的计划在很大程度上取决于一系列关键系统的成熟度,包括猎户座多用途载人飞船、SLS 和下一代航天服的研发进度。此外,NASA 将依靠商业部门将月球轨道空间站和载人着陆系统发射到近直线居住和后勤前哨轨道。图 1 为 NASA 当前支持登月的"阿尔忒弥斯"探测任务和商业发射时间。

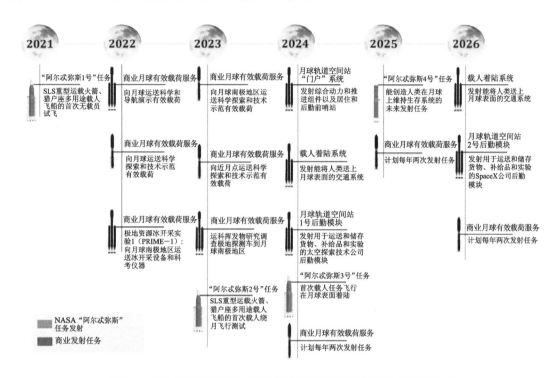

图 1 NASA 当前支持登月的"阿尔忒弥斯"探测任务和商业发射时间

(二)"阿尔忒弥斯-3"登月任务

NASA 认为"阿尔忒弥斯-3"是一次演示任务,将展示载人航天器在月球上着陆的能力。NASA 已与太空探索技术公司(SpaceX)签订合同,开发一种载人着陆系统运载工具,在此次任务中将两名航天员运送到月球南极。与前两次任务相比,"阿尔忒弥斯-3"任务要复杂得多,因为它需要多次发射星际飞船来运送燃料和一个燃料储存舱,为载人着陆系统提供推进剂,还需要分别驱动猎户座多用途载人飞船和 SLS,将航天员与月球轨道上的载人着陆系统连接起来。图 2 为"阿尔忒弥斯-3"计划任务概况(截至 2021 年 10 月)。

(三)NASA 的组织和规划结构

尽管"阿尔忒弥斯"任务跨越了多个任务主管、部门和项目,但根据 NASA 的管理标准,它还不是一个正式的项目。与阿波罗或航天飞机项目不同,后者将所有工作整合在一个项目组织下,NASA 决定建立一种更为分散的方法来集成"阿尔忒弥斯"的组件和能力。作为这一进

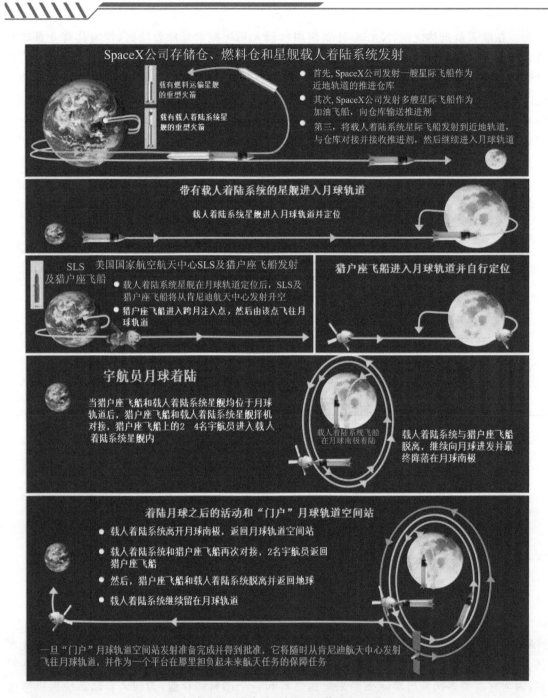

图 2 "阿尔忒弥斯-3"计划任务概况(截至 2021 年 10 月)

程的一部分,该机构首先指定了负责整合任务的领导机构或部门。总的来说,载人探索和操作任务部(HEOMD)负责整合"阿尔忒弥斯"。对于"阿尔忒弥斯-1"和"阿尔忒弥斯-2"任务,NASA 的探索系统开发部(包括 SLS、猎户座和探索地面系统计划)是整合的牵头机构。先进探索系统(AES)部门负责 NASA 的载人重返月球以及相关的月球计划,如月球轨道空间站、载人着陆系统、月球地形车和下一代航天服的研制,还要负责从"阿尔忒弥斯-3"任务开始的整体任务整合。NASA 的科学和空间技术任务部也为"阿尔忒弥斯"任务做出了重要贡献,如航天员着陆前的技术演示和月球机器人探索。

为了确保整个机构的战略一致性,2019 年 10 月,NASA 局长宣布成立一个由载人探索和操作任务部助理副局长和科学与空间技术任务部领导的"阿尔忒弥斯"任务联合委员会。理事会负责跨部门协调和执行机构战略指导与年度规划集成,包括未来架构定义和规划,以及长期战略评估,并为 NASA 的战略提供信息。该委员会每周召开一次会议,重点关注技术开发和长期月球表面存在的整合,以及首次人类火星任务。此外,还成立了一个扩大的联邦委员会,其中包括 NASA 的其他利益相关者,如总顾问办公室、国际和机构间关系办公室,并每周举行一次会议。图 3 为"阿尔忒弥斯"项目组织结构和整合(截至 2021 年 8 月)。

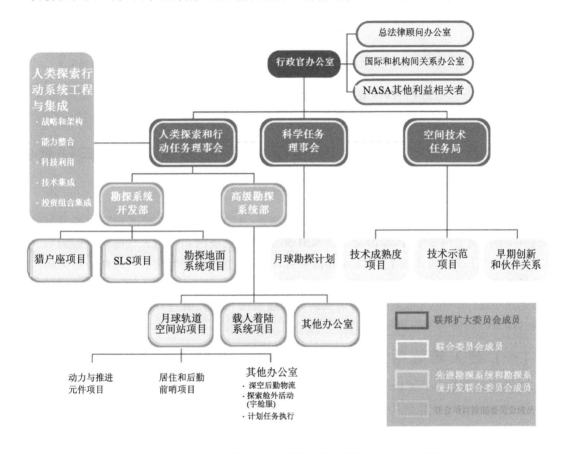

图 3 "阿尔忒弥斯"项目组织结构和整合(截至 2021 年 8 月)

(四) 载人着陆系统采购计划

2021 财年,NASA 从国会仅仅获得了 8.5 亿美元的载人着陆系统资金,大大低于其申请的 34 亿美元。受拨款减少的影响,2021 年 4 月,NASA 仅授予了 SpaceX 公司一份潜在总价值为 29 亿美元的独家固定价格合同,通过在月球轨道和月球表面之间运送航天员执行"阿尔忒弥斯-3"任务,进一步开发和展示其载人着陆系统。为了赶上 2024 年的发射日期,NASA 和 SpaceX 公司将需要协调一系列计划项目进度时间检查点,以确保随着关键技术的不断成熟,载人着陆系统满足 NASA 的要求。图 4 为 NASA 载人着陆系统项目进度(截至 2021 年 8

月）和 SpaceX 公司载人着陆系统项目进度对比（截至 2020 年 12 月）。

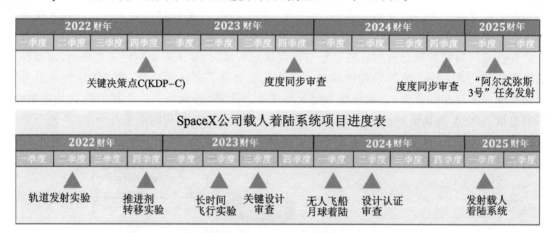

图 4　NASA 载人着陆系统项目进度（截至 2021 年 8 月）和 SpaceX 公司载人着陆系统项目进度对比（截至 2020 年 12 月）

二、"阿尔忒弥斯"计划虽有所进展，但测试飞行和月球着陆时间分别比原定计划推迟数月和数年

预计 NASA 将于 2022 年 4 月开展"阿尔忒弥斯-1"发射任务（该时间比原定的发射日期 2021 年 11 月晚了约 6 个月，原因是受技术困难、新冠肺炎疫情和复杂天气的多重影响）。"阿尔忒弥斯-2"任务目前计划于 2023 年底前发射，该任务也面临进度延后的问题。因为第二阶段的任务需要用到"阿尔忒弥斯-1"任务中使用的猎户座飞船组件，所以"阿尔忒弥斯-2"至少要推迟到 2024 年年中才能发射。考虑到载人着陆系统和航天服的开发、测试和认证将推迟，预期月球着陆时间将推迟数年之久。

（一）载人着陆系统的开发进程并不可行

与 NASA 的其他主要航天计划相比，载人着陆系统的开发计划是不可行的。具体而言，过去 15 年的太空飞行计划从合同签署到首次运行飞行，平均需要 8.5 年，而载人着陆系统项目却试图在大约一半的时间内完成这一任务。图 5 为 NASA 最近太空飞行项目的运行时间。

2020 年 2 月，航空航天公司（Aerospace Corporation）在对载人探索和操作任务部指导下开展的进度风险分析中发现，NASA 载人着陆系统可能要到 2026 年年中才能准备就绪。在该进度风险分析之后，载人着陆系统计划遇到了一系列延迟，包括 2021 年 4 月签署开发和演示合同的 6 周时间，以及蓝色起源和 Dynetics 两家公司因 NASA 授予 SpaceX 公司中标合同进行抗议导致的近 4 个月延迟。这些事件共同导致了 6 个月的项目延迟。这还未将蓝色起源公司 2021 年 8 月底在美国联邦索赔法院提起的诉讼所导致的持续性延迟考虑在内。根据载人着陆系统基准期合同授予日期（2020 年 5 月）和 NASA 近期主要太空飞行计划的平均延迟时间，估计载人着陆系统计划在运行飞行前可能面临 3～4 年的延迟。图 6 为历史上正式太空飞行任务的延误时间。

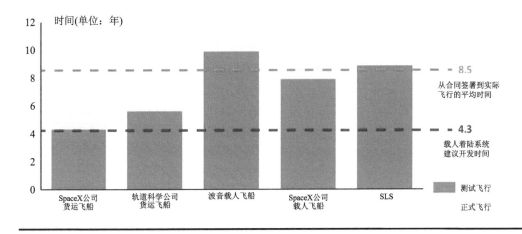

图 5　NASA 最近太空飞行项目的运行时间

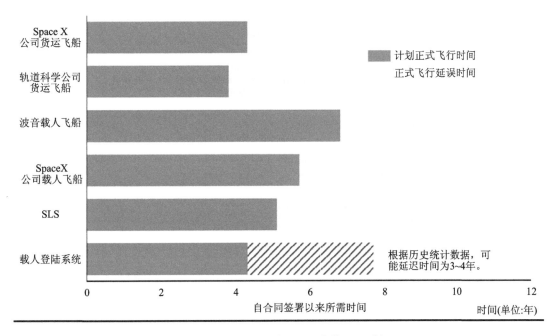

图 6　历史上正式太空飞行任务的延误时间

（二）航天服的研制遭遇多次延迟

2019 年之前,NASA 计划设计、测试、开发和使用下一代探索舱外活动单元(xEMU)航天服,且 2023 年前就将在国际空间站(ISS)进行应用,2028 年前在"阿尔忒弥斯-3"任务中全面应用。然而,当"阿尔忒弥斯-3"的实施进度加快时,NASA 被迫需要将研发航天服的时间表缩短 4 年。自那以后,由于技术挑战、资金短缺和新冠肺炎疫情的影响,月球探索所需的航天服交付的时间遭遇推迟。先进探索系统(AES)时间表显示,国际空间站和"阿尔忒弥斯-3"航天服的预计交付日期为 2024 年 12 月。考虑到后续的集成要求,航天服最早要到 2025 年 5 月才能真正穿到航天员身上,这使得航天服和相关硬件无法用于计划中的 2024 年登月任务。

（三）"门户"任务进展遭遇技术研发和资金问题

虽然目前尚无须考虑"阿尔忒弥斯-3"登月任务，但 NASA 正在推进"门户"月球空间站任务的实施。然而，"门户"项目的推进需要处理先进电力推进系统研发进程中出现的诸多技术难题和时间紧张问题。预计电力和推进模块（PPE）的功率是现有卫星平台的 3 倍，而且所需推进剂更少。该模块负责将自身以及居住和后勤前哨模块（HALO）运输到近直线光晕轨道。先进电力推进系统的硬件交付不仅被视为"门户"项目的最关键点，而且也被视为先进探索系统部门的最大风险点。

三、NASA 未对"阿尔忒弥斯"项目成本进行充分评估

计算 2021—2025 财年"阿尔忒弥斯"项目的总成本，要囊括第二阶段的各项目，包括载人着陆系统 Block 1B、2 号活动发射平台和"门户"项目。也就是说，这些项目需要在"阿尔忒弥斯"计划成本基础上增加 250 亿美元的预算，从而将这 5 年的总成本增加到 530 亿美元。此外，考虑到 2012—2020 财年"阿尔忒弥斯"任务已经花费的 400 亿美元，到 2025 财年，该任务的总预计成本将变为 930 亿美元。表 1 为 2025 财年前"阿尔忒弥斯"任务成本明细和预算计划。

表 1　2025 财年前"阿尔忒弥斯"任务成本明细和预算计划（百万美元）

项　目		2012—2020 财年	2021 财年	2022 财年	2023 财年	2024 财年	2025 财年	总计
探索系统开发	猎户座飞船	11398.8	1403.7	1406.7	1340.0	1239.0	1084.0	17872.2
	航天发射系统	17233.6	2560.9	2487.0	2486.0	2466.0	2290.0	29523.5
	地面探索系统	4246.0	580.0	590.0	558.0	514.0	514.0	7002.0
	小　计	32878.4	4544.6	4483.7	4384.0	4219.0	3888.0	54397.7
先进探索系统	载人着陆系统	577.8	928.3	1195.0	1266.7	1579.5	1989.0	7536.3
	"门户"项目	702.7	698.8	785.0	810.5	765.0	670.0	4432.0
	小　计	1280.5	1627.1	1980.0	2077.2	2344.5	2659.0	11968.3
舱外航天服研发		174.2	待定	待定	待定	待定	待定	174.2
勘探研究和开发		3327.9	345.7	416.7	552.9	700.2	967.9	6311.3
月球开发和勘探项目		605.1	443.5	497.3	501.3	458.3	458.3	2963.8
其他太空科技		1237.5	1211.4	1442.0	1658.0	1756.0	1854.0	9158.9
任务支持		498.3	1551.0	1506.0	1501.0	1492.0	1440.0	7988.3
总　计		40001.9	9723.3	10325.7	10674.4	10970.0	11267.2	92962.5

"阿尔忒弥斯-4"任务中,单次 SLS/猎户座系统的发射成本至少为 41 亿美元,系统发射的频率约为每年一次。建造和发射一个猎户座太空舱的成本约为 10 亿美元,欧洲航天局(ESA)通过相关协议提供的服务模块需要 3 亿美元,这笔费用还包括 ESA 承担的国际空间站共同系统运营成本、国际空间站运输成本和其他国际空间站支持服务的成本。此外,估计单次 SLS 的制造成本为 22 亿美元,包括两级火箭、2 个固体火箭助推器、4 个 RS-25 型发动机和 2 个火箭级适配器。由于必须维护大型结构,位于肯尼迪航天中心的地面系统预计每年的成本为 5.68 亿美元,包括太空舱组装厂房、履带式运输车、1 号活动发射平台和发射控制中心。41 亿美元的总成本代表了火箭的生产和发射,这是 SLS/猎户座系统所必需的操作,还包括材料、人力、设施和管理费用,但不包括用于先前系统开发或下一代技术开发的任何费用,如 SLS 探索上面级(EUS)、猎户座对接系统或 2 号活动发射平台。图 7 为单次 SLS/猎户座发射任务的运行成本。图 8 为各型运载火箭对比。

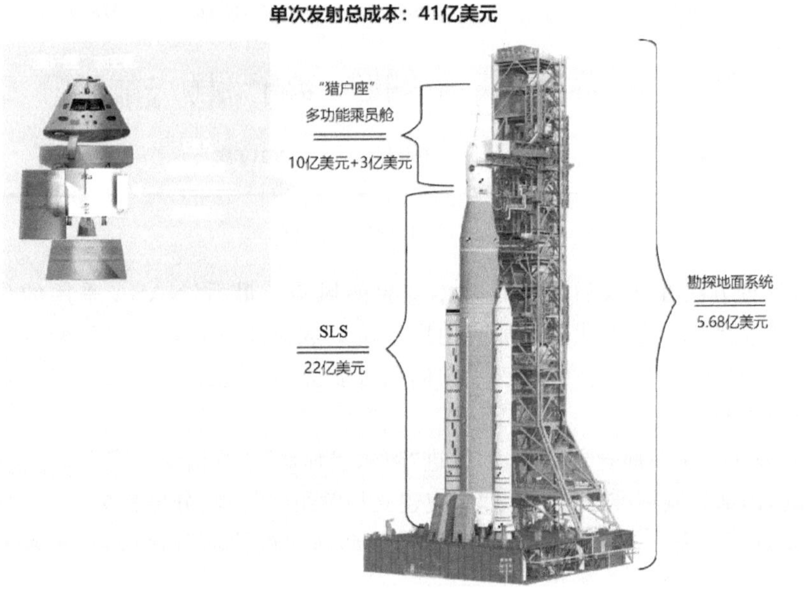

图 7　单次 SLS/猎户座发射任务的运行成本

四、NASA 改进的载人着陆系统采购与管理办法可以降低成本、鼓励创新,但也会增加风险

NASA 改进了载人着陆系统的采购与管理办法,以降低成本、鼓励创新,并应对"阿尔忒弥斯"登月计划紧迫的进度安排。NASA 的采购方法是通过竞争来降低成本并确保一定的回旋余地,但该机构在 2021 财年收到的载人着陆系统开发资金比申请额度少了 25 亿美元,因此仅选择了一家供应商。为了缓解单一供应商的限制,NASA 正在加快"月球探测运输服务"采购。2021 年 9 月,NASA 与多家公司签订了 5 份合同以继续开发载人着陆系统的相关能力,其目的是让整个行业竞相参与"月球探测运输服务"项目下的"月球运输服务"。NASA 还努力巩固其载人着陆系统的要求与标准;然而,根据其为载人着陆系统量身定制的项目管理方法,承包商保留了很大的自由度,对承包商的技术审查也比该机构历史上对其他项目的技术审

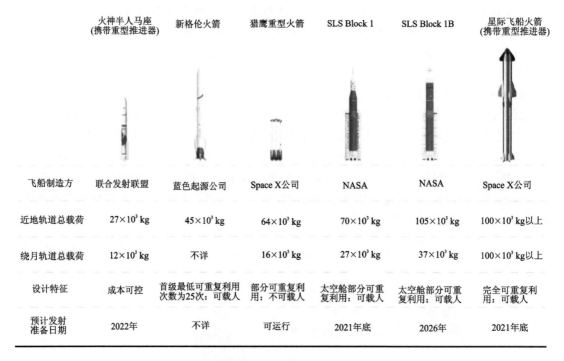

	火神半人马座 (携带重型推进器)	新格伦火箭	猎鹰重型火箭	SLS Block 1	SLS Block 1B	星际飞船火箭 (携带重型推进器)
飞船制造方	联合发射联盟	蓝色起源公司	Space X公司	NASA	NASA	Space X公司
近地轨道总载荷	$27×10^3$ kg	$45×10^3$ kg	$64×10^3$ kg	$70×10^3$ kg	$105×10^3$ kg	$100×10^3$ kg以上
绕月轨道总载荷	$12×10^3$ kg	不详	$16×10^3$ kg	$27×10^3$ kg	$37×10^3$ kg	$100×10^3$ kg以上
设计特征	成本可控	首级最低可重复利用次数为25次；可载人	部分可重复利用：不可载人	太空舱部分可重复利用：可载人	太空舱部分可重复利用：可载人	完全可重复利用：可载人
预计发射准备日期	2022年	不详	可运行	2021年底	2026年	2021年底

图8 各型运载火箭对比

查要少,而且这种方法在开发后期存在技术变更的风险。最后,NASA采用的是一系列新的协作程序,而不是像以往的多元项目那样使用系统集成商或项目经理。尽管这些改进的方法具有降低成本和鼓励创新的潜在好处,但它们也可能会相应地提高NASA各种载人系统在进度和性能方面的风险。

NASA开发了一个多面管理结构,以促进"阿尔忒弥斯"登月活动中多个系统的集成。此外,政府问责局的《内部控制标准》指出,管理层应建立相关组织结构、分配相关职责、委托相关权力,从而实现相关目标。表2为"阿尔忒弥斯"登月活动新建的协调程序、协作程序及理事会程序摘要。

表2 "阿尔忒弥斯"登月活动新建的协调程序、协作程序及理事会程序摘要

协作程序	成员	状态	职责
联合委员会	载人探索和操作任务部,科学与空间技术任务局,各项目办公室	是否得到落实：是 是否被制度化：否	• 由NASA前任局长设立,用于解决载人探索和操作任务部和科学与空间技术任务局各部门提出的跨部门问题 • 仅进行讨论,并非决策委员会
扩大的联合委员会	载人探索和操作任务部,科学与空间技术任务局,各项目办公室；总顾问；任务支援部门；国际和机构间关系办公室	是否得到落实：是 是否被制度化：否	将其他支援单位包含在内的扩大版联合委员会

续表 2

协作程序	成 员	状 态	职 责
联合理事会项目管理委员会	根据需要:载人探索和操作任务部,科学与空间技术任务局,各项目办公室	是否得到落实:是 是否被制度化:否	为横跨 NASA 各理事会的"阿尔忒弥斯"计划各项目做出决策
载人探索和操作任务部系统工程与集成部门	载人探索和操作任务部助理理事长授权的办公室,成员来自载人探索和操作任务部各部门	是否得到落实:是 是否被制度化:是	• 负责提供总体战略指导和系统需求 • 领导整个"阿尔忒弥斯"计划的框架构建,并在制定任务规划中发挥关键作用 • 对"阿尔忒弥斯"计划各任务理事会及国际合作伙伴的科技目标,以及未来人类火星登陆任务的准备战略进行整合
"先进探索系统"/"探索系统开发"项目联合控制委员会	联合主席:"先进探索系统"项目和"探索系统开发"项目副助理主管及支持人员、与"阿尔忒弥斯"计划相关的各项目经理、载人探索和操作任务部系统工程与集成部门;特定人员	是否得到落实:是 是否被制度化:章程已获批,等待签字	• 变更处置方案,对超出单个或多个项目成本与进度权限的"先进探索系统"/"探索系统开发"项目施加影响,包括"先进探索系统"/"探索系统开发"项目联合控制的进度和重要节点变更 • 通过飞行就绪认证,审查和批准"先进探索系统"项目/"探索系统开发"项目的任务内容、优先事项和综合范围,以确保"先进探索系统"项目与"探索系统开发"项目及人员做好了任务支援准备
"先进探索系统"项目控制委员会	"先进探索系统"项目副助理主管及支援人员,"先进探索系统"项目各经理,"阿尔忒弥斯"计划各项目办公室,"探索系统开发"项目特定人员,其他理事会,"阿尔忒弥斯"载人任务涉及的项目	是否得到落实:是 是否被制度化:章程已获批,等待签字	• 建立并展示"阿尔忒弥斯-3"三期及后续任务的发射与着陆服务、后勤与有效载荷清单、飞行目标和优先事项 • 建立和管理"先进探索系统"项目的技术与计划基准(预算、进度、技术、任务定义和风险) • 对变更、例外情况、偏差或弃权的处理与批准
各级联合项目(集成)控制委员会	"先进探索系统"项目和"探索系统开发"项目中开展集成活动的各项目;载人探索和操作任务部系统工程与集成部门;特定参与人	是否得到落实:是 是否被制度化:草案等待批准	联合项目(集成)控制委员会章程和各单独项目

神舟十二号乘组

（任务时间：2021 年 6 月 17 日—9 月 17 日）

（从左至右）航天员汤洪波，指令长聂海胜，航天员刘伯明。

聂海胜，男，汉族，籍贯湖北枣阳，中共党员，博士学位。1964 年 9 月出生，1986 年 12 月加入中国共产党，2014 年 6 月任航天员大队大队长，现为航天员大队特级航天员。1998 年 1 月入选为我国首批航天员。2003 年 9 月，入选神舟五号飞行任务备份航天员。2005 年 10 月，执行神舟六号飞行任务,同年 11 月被中共中央、国务院、中央军委授予"英雄航天员"荣誉称号,并获"航天功勋奖章"。2008 年 5 月,入选神舟七号飞行任务备份航天员。2012 年 3 月,入选神舟九号飞行任务备份航天员。2013 年 6 月,执行神舟十号飞行任务,担任指令长,同年 7 月,被中共中央、国务院、中央军委授予"二级航天功勋奖章"。2019 年 12 月入选神舟十二号飞行任务乘组,担任指令长。2021 年执行神舟十二号任务,并完成 1 次出舱活动。

刘伯明,男,汉族,籍贯黑龙江依安,中共党员,硕士学位。1966 年 9 月出生,1990 年 9 月加入中国共产党,现为航天员大队特级航天员。1998 年 1 月入选为我国首批航天员。2005 年 6 月,入选神舟六号飞行任务备份乘组。2008 年 9 月,执行神舟七号飞行任务,同年 11 月,被中共中央、国务院、中央军委授予"英雄航天员"荣誉称号,并获"航天功勋奖章"。2019 年 12 月入选神舟十二号飞行任务乘组。2021 年执行神舟十二号任务,期间完成 2 次出舱活动。

汤洪波,男,汉族,籍贯湖南湘潭,中共党员,硕士学位。1975 年 10 月出生,1997 年 4 月加入中国共产党,现为航天员大队二级航天员。2010 年 5 月入选为我国第二批航天员。2016 年 5 月,入选神舟十一号飞行任务备份航天员。2019 年 12 月,入选神舟十二号飞行任务乘组。2021 年执行神舟十二号任务,完成 1 次出舱活动。

神舟十三号乘组

（任务时间：2021 年 10 月 16 日—2022 年 4 月中旬）

（从左至右）航天员叶光富，指令长翟志刚，航天员王亚平。

翟志刚，男，汉族，籍贯黑龙江龙江，中共党员，硕士学位。1966 年 10 月出生，1991 年 9 月入党，现为航天员大队特级航天员。1998 年 1 月，入选我国首批航天员。2003 年 9 月，入选神舟五号飞行任务备份航天员。2005 年 6 月，入选神舟六号飞行任务备份乘组。2008 年 9

月,执行神舟七号飞行任务并担任指令长,完成中国第一次出舱活动任务。同年11月,被中共中央、国务院、中央军委授予"航天英雄"荣誉称号,并获"航天功勋奖章"。2013年1月,入选神舟十号飞行任务备份航天员。2019年12月,入选神舟十三号飞行任务乘组并担任指令长。2021年执行神舟十三号任务期间,完成1次出舱活动。

王亚平,女,汉族,籍贯山东烟台,中共党员,硕士学位。1980年1月出生,2000年5月入党,现为航天员大队一级航天员。2010年5月,入选我国第二批航天员。2012年3月,入选神舟九号飞行任务备份航天员。2013年6月,执行神舟十号飞行任务,完成首次太空授课,同年7月,被中共中央、国务院、中央军委授予"英雄航天员"荣誉称号,并获"三级航天功勋奖章"。2019年12月,入选神舟十三号飞行任务乘组。2021年执行神舟十三号任务期间,完成1次出舱活动,成为中国第一名完成出舱活动的女航天员。

叶光富,男,汉族,籍贯四川成都,中共党员,硕士学位。1980年9月出生,2002年5月入党,现为航天员大队二级航天员。2010年5月,入选我国第二批航天员。2016年参加欧洲航天局洞穴训练,这是中国航天员首次与多国航天员共同开展训练。2019年12月,入选神舟十三号飞行任务乘组。

国际空间站第 65 长期考察团

（任务时间：2021 年 4 月—2021 年 10 月）

（从左至右）飞行工程师 俄罗斯航天员 彼得·杜布罗夫，飞行工程师/龙飞船 Crew－2 任务 美国航天员 谢恩·金布罗，飞行工程师/龙飞船 Crew－2 任务 美国航天员 梅根·麦克阿瑟，飞行工程师/龙飞船 Crew－2 任务 法国航天员 托马斯·佩斯凯，指令长/龙飞船 Crew－2 任务 日本航天员 星出彰彦，飞行工程师 俄罗斯航天员 奥列格·诺维茨基，飞行工程师 美国航天员 马克·范德黑。

星出彰彦（指令长/龙飞船 Crew－2 任务）现年 53 岁，日本庆应大学机械工程学士，美国

休斯敦大学航空航天工程理学硕士。1992年进入日本航天局从事 H-Ⅱ火箭研发。1999年入选航天员。2008年搭乘发现号航天飞机 STS-124 执行空间站希望号舱段在轨组装任务。2012年加入国际空间站第32/33考察团,担任飞行工程师,完成3次舱外活动。2014年担任第18次美国国家航空航天局极端环境任务操作(NEEMO-4)宝瓶座水下试验指令长。2018年被指派为空间站第64/65长期考察团乘员。2021年,搭乘载人龙飞船进入太空,并担任第65批考察团指令长,执行了1次舱外活动。

托马斯·佩斯凯(飞行工程师/龙飞船 Crew-2 任务)现年43岁,法国国家航空航天高等学校航天器设计与控制硕士。曾担任法国航天机构航天器动力学工程师。2002年入职法国航天局,2009年入选欧洲航天局航天员,2011年参加"洞穴"训练课程。2016年担任国际空间站第50和51长期考察团飞行工程师,参与50余项实验,执行2次舱外活动进行空间站维修任务。在2021年空间站考察任务中,他负责执行欧洲航天局的"埃尔法"任务,并完成了4次舱外活动。

谢恩·金布罗(飞行工程师/龙飞船 Crew-2 任务)现年54岁,美国陆军退役上校,西点军校航空航天工程学士,佐治亚理工学院运筹学硕士。2000年进入约翰逊航天中心工作,担任航天飞机训练机的飞行模拟工程师。2004年入选航天员。2008年参加航天飞机 STS-126 飞行任务,组建国际空间站,并扩大了乘员居住间,期间他完成2次舱外活动。2016年加入国际空间站第49/50长期考察团,执行了4次舱外活动。2021年空间站任务期间,完成3次舱外活动,为空间站安装了新的太阳能电池板。

梅根·麦克阿瑟(飞行工程师/龙飞船 Crew-2 任务)现年 50 岁,加州大学航空航天工程学士,海洋学博士。曾任美国斯克里普斯海洋学研究所、海上数据收集工作的首席科学家。2000 年入选美国国家航空航天局航天员,现担任航天员办公室副主任。2009 年参加航天飞机 STS-125 哈勃太空望远镜第五次维修任务,担任任务专家和机械臂操作员。2021 年执行本次空间站任务期间,操作空间站机械臂,捕获了天鹅座货运飞船。

马克·范德黑(飞行工程师)现年 54 岁,美国陆军退役上校。明尼苏达州大学物理学学士,斯坦福大学应用物理学硕士。服役期间曾担任西点军校物理系助理教授。2009 年入选美国国家航空航天局航天员,随后担任美国国家航空航天局人类探索和行动任务理事会技术助理,舱外活动和机器人技术首席航天员助理。2018 年加入国际空间站第 53/54 长期考察团飞行工程师,完成 4 次舱外活动,进行加拿大机械臂的维修工作。2021 年执行空间站考察团任务,9 月,宣布将范德黑在空间站的 6 个月驻留时间延长至 12 个月。目前已完成 4 次舱外活动。

奥列格·诺维茨基(飞行工程师)现年 50 岁,俄罗斯空军退役中校,飞行时间超过 700 小时,因勇敢而被授予勋章。早年就读于卡钦斯克军事飞行员学校,尤里·加加林空军学院,完成指挥战术航空专业学习。2016 年,加入国际空间站第 50/51 长期考察团。2016 年,担任空间站第 50/51 长期考察团飞行工程师。2021 年成为空间站第 64/65 长期考察团成员,执行 3 次舱外活动,10 月,与第一部在太空拍摄的《挑战》摄制组成员,导演克里姆·希彭科、演员尤利娅·佩雷西尔德一起返回地面。

彼得·杜布罗夫(飞行工程师)现年 43 岁,大学获得计算机工程和自动化系统软件专业学位。毕业后,在 CBOSS 发展国际有限责任公司担任高级软件工程师。作为俄罗斯 2021 年选拔的 8 名航天员之一,入选航天员。杜布罗夫于 2021 年 4 月搭乘联盟号 MS-18 发射升空,这是他首次在国际空间站执行长期任务,目前完成了 3 次舱外活动,并根据计划延长飞行至 12 个月,成为 64/65/66 长期考察团成员。

国际空间站第 66 长期考察团

(任务时间:2021 年 10 月—2022 年 3 月)

(从左至右)飞行工程师/龙飞船 Crew-3 任务 美国航天员 拉贾·查理,飞行工程师/龙飞船 Crew-3 任务 美国航天员 托马斯·马什本,飞行工程师/龙飞船 Crew-3 任务 美国航天员 马蒂亚斯·毛瑞尔,指令长 俄罗斯航天员 安东·什卡普列罗夫,飞行工程师 俄罗斯航天员 彼得·杜布罗夫,飞行工程师/龙飞船 Crew-3 任务 美国航天员 凯拉·巴伦,飞行工程师 美国航天员 马克·范德黑。

安东·什卡普列罗夫(指令长)现年 49 岁,1994 年以飞行员工程师的身份毕业于卡钦斯

克空军飞行员学校。1997年,从祖科夫斯基空军工程学院毕业。毕业后,在俄罗斯空军服役并担任高级飞行教员。2003年入选航天员。2011年担任空间站29/30长期考察组飞行工程师,完成1次舱外活动。2014年,担任空间站42/43长期考察组飞行工程师。2017年担任第54长期考察组工程师和55长期考察组指令长。2018年完成舱外活动,为高增益通信天线更换了一个旧电子盒。

拉贾·查理(飞行工程师/龙飞船Crew-3任务)现年44岁,美国空军上校,美国空军学院航天工程学士,麻省理工学院获得航空航天硕士。此外,还于美国海军试飞员学校和美国陆军指挥与参谋学院就读毕业。在美国空军服役,担任飞行测试中队指挥官和F-35综合测试部队主管。2017年8月入选航天员,并作为航天员候选人完成了两年的训练。

托马斯·马什本(飞行工程师/龙飞船Crew-3任务)现年61岁,物理学硕士,医学博士。毕业后曾在马萨诸塞州总医院担任急诊医生。入选航天员之前,在约翰逊航天中心担任航天任务的飞行外科医生,随后担任空间站的医疗事务负责人,为飞行外科医生和航天员医务人员开发生物医学训练计划,并管理空间站的健康维护系统。2004年入选航天员,并于2006年2月完成航天员候选人培训。2009年,担任航天飞机STS-127任务任务专家,完成3次舱外活动。2010年在宝瓶座水下实验室执行NEEMO 14任务。2012年,担任国际空间站第34长期考察团工程师,完成了紧急太空行走,更换泄漏的氨泵。

　　马蒂亚斯·毛瑞尔(飞行工程师/龙飞船 Crew - 3 任务)现年 51 岁,德国人,材料科学工程博士,经济学硕士。博士期间在德国亚琛工业大学担任项目工程师和高级研究员,毕业后在一家国际医疗企业担任项目工程师,研究用于透析的血液过滤器等医疗一次性用品的新材料和技术。2010 年进入欧洲航天局,担任乘组支持工程师和哥伦布飞行控制人员。2014 年参加"洞穴"探险训练。2015 年入选航天员。2016 年参加 NEEMO - 12 水下模拟任务,2017 年参加中国主办的航天员海上生存训练。2017—2019 年参加月球探索地质学培训。2020 年被指派参加"宇宙之物"国际空间站任务,在执行 Crew - 3 任务之前,他负责管理欧洲航天员中心 Luna 月球模拟设备的开发。

　　凯拉·巴伦(飞行工程师/龙飞船 Crew - 3 任务)现年 34 岁,美国海军中校,美国海军学院获得系统工程学士,英国剑桥大学核工程硕士,2010 年成为盖茨剑桥学者。2010 年,被任命为海军军官,并立即进入研究生院学习,毕业后,参加了美国海军的核动力和潜艇军官训练,然后被分配到俄亥俄级弹道导弹潜艇"缅因州号",并获得了潜艇作战军官的资格,完成了 3 次战略威慑巡航。2017 年入选航天员,并作为航天员候选人完成了两年的培训。

　　飞行工程师 俄罗斯航天员 彼得·杜布罗夫,飞行工程师 美国航天员 马克·范德黑,见国际空间站第 65 期长期考察团。